边用边学

Dreamweaver 网页设计与制作

李彪 杨仁毅 编著　全国信息技术应用培训教育工程工作组 审定

人民邮电出版社
北　京

图书在版编目（ＣＩＰ）数据

边用边学Dreamweaver网页设计与制作 / 李彪，杨仁
毅编著. -- 北京：人民邮电出版社，2010.4
（教育部实用型信息技术人才培养系列教材）
ISBN 978-7-115-22216-9

Ⅰ．①边… Ⅱ．①李… ②杨… Ⅲ．①主页制作一图
形软件，Dreamweaver CS4一教材 Ⅳ．①TP393.092

中国版本图书馆CIP数据核字(2010)第013053号

内 容 提 要

　　Dreamweaver CS4 是 Adobe 公司推出的一款网页设计的专业软件，其强大功能和易操作性令它成为同类开发软件中的佼佼者。

　　本书从网页设计与制作的实际应用出发，通过大量典型实例的制作，全面介绍了 Dreamweaver CS4 在网页设计与制作方面的方法和技巧。本书主要内容包括认识网页与 Dreamweaver CS4、网页基本编辑操作、编辑网页文本、创建与管理站点、网页中的图像处理、使用表格进行网页布局、层与超级链接、制作多媒体效果网页、应用模板和库制作网页、使用框架制作网页、使用表单，以及使用行为制作网页特效等。最后通过制作化妆品公司的网页，使读者全面掌握 Dreamweaver CS4 强大的网页制作功能。

　　本书内容丰富、实用，可供网页设计、网站开发等相关专业人员及 Dreamweaver 初学者、网页设计爱好者学习和参考，尤其适合各类开设网页设计专业的大中专院校及培训学校用作教材。

教育部实用型信息技术人才培养系列教材

边用边学 Dreamweaver 网页设计与制作

◆ 编　　著　李　彪　杨仁毅
　　审　　定　全国信息技术应用培训教育工程工作组
　　责任编辑　李　莎

◆ 人民邮电出版社出版发行　　北京市崇文区夕照寺街 14 号
　　邮编　100061　电子函件　315@ptpress.com.cn
　　网址　http://www.ptpress.com.cn
　　北京顺义振华印刷厂印刷

◆ 开本：787×1092　1/16
　　印张：15.75
　　字数：407 千字　　　　　　　　2010 年 4 月第 1 版
　　印数：1 — 4 000 册　　　　　　2010 年 4 月北京第 1 次印刷

ISBN 978-7-115-22216-9

定价：29.00 元

读者服务热线：**(010)67132692**　印装质量热线：**(010)67129223**
反盗版热线：**(010)67171154**

出 版 说 明

　　信息化是当今世界经济和社会发展的大趋势，也是我国产业优化升级和实现工业化、现代化的关键环节。信息产业作为一个新兴的高科技产业，需要大量高素质复合型技术人才。目前，我国信息技术人才的数量和质量远远不能满足经济建设和信息产业发展的需要，人才的缺乏已经成为制约我国信息产业发展和国民经济建设的重要瓶颈。信息技术培训是解决这一问题的有效途径，如何利用现代化教育手段让更多的人接受到信息技术培训是摆在我们面前的一项重大课题。

　　教育部非常重视我国信息技术人才的培养工作，通过对现有教育体制和课程进行信息化改造、支持高校创办示范性软件学院、推广信息技术培训和认证考试等方式，促进信息技术人才的培养工作。经过多年的努力，培养了一批又一批合格的实用型信息技术人才。

　　全国信息技术应用培训教育工程（ITAT 教育工程）是教育部于 2000 年 5 月启动的一项面向全社会进行实用型信息技术人才培养的教育工程。ITAT 教育工程得到了教育部有关领导的肯定，也得到了社会各界人士的关心和支持。通过遍布全国各地的培训基地，ITAT 教育工程建立了覆盖全国的教育培训网络，对我国的信息技术人才培养事业起到了极大的推动作用。

　　ITAT 教育工程以就业为导向，以大、中专院校学生为主要培训对象，也可以满足职业培训、社区教育的需要。培训课程能够满足广大公众对信息技术应用技能的需求，对普及信息技术应用起到了积极的作用。据不完全统计，在过去 8 年中共有 150 余万人次参加了 ITAT 教育工程提供的各类信息技术培训，其中有近 60 万人次获得了教育部教育管理信息中心颁发的认证证书。ITAT 教育工程为普及信息技术，缓解信息化建设中面临的人才短缺问题做出了一定的贡献。

　　ITAT 教育工程聘请来自清华大学、北京大学、人民大学、中央美术学院、北京电影学院、中国传媒大学等单位的信息技术领域的专家组成专家组，规划教学大纲，制订实施方案，指导工程健康、快速地发展。ITAT 教育工程以实用型信息技术培训为主要内容，课程实用性强，覆盖面广，更新速度快。目前该工程已开设培训课程 20 余类，共计 50 余门，并将根据信息技术的发展，继续开设新的课程。

　　本套教材由清华大学出版社、人民邮电出版社、机械工业出版社、北京希望电子出版社等出版发行。根据教材出版计划，全套教材共计 60 余种，内容将汇集信息技术应用各方面的知识。今后将根据信息技术的发展不断修改、完善、扩充，始终保持追踪信息技术发展的前沿。

　　ITAT 教育工程的宗旨是：树立民族 IT 培训品牌，努力使之成为全国规模最大、系统性最强、质量最好，而且最经济实用的国家级信息技术培训工程，培养出千千万万个实用型信息技术人才，为实现我国信息产业的跨越式发展做出贡献。

全国信息技术应用培训教育工程负责人
系列教材执行主编　　**薛玉梅**

前 言

Dreamweaver 是一款专业的网页制作工具，具有可视化编辑界面和强大的所见即所得编辑功能，它集网页制作与网站管理于一身，用户不必编写复杂的 HTML 源代码，就可快速生成跨平台、跨浏览器的网页。

为了帮助初学者快速掌握运用 Dreamweaver 进行网页设计与制作的方法，本书以 Dreamweaver CS4 为平台，采用"边用边学，实例导学"的写作模式，全面涵盖了其应用于网页设计领域的知识点，并通过大量案例帮助初学者学会如何在实际工作当中进行灵活应用。

1. 写作特点

（1）注重实践，强调应用

有不少读者常常抱怨学过 Dreamweaver 却不能够独立设计出作品。这是因为目前的大部分相关图书只注重理论知识的讲解而忽视了应用能力的培养。众所周知，网页设计是一门实践性很强的领域，只有通过不断的实践才能真正掌握其设计方法，才能获有更多的直接经验，设计并制作出真正好的、有用的作品。

对于初学者而言，不能期待一两天就能成为设计大师，而是应该踏踏实实地打好基础。而模仿他人的设计作品就是很好的学习方法，因为"作为人行为模式之一，模仿是学习的结果"，所以在学习的过程中通过模仿各种成功作品的设计技巧，可快速地提高设计水平与制作能力。

基于此，本书通过细致剖析各类经典的网页设计案例，如"好滋味"食品网页、美容护肤网页、"爱车网"等，深入地讲解如何运用 Dreamweaver 进行网页设计的方法。

（2）知识体系完善，专业性强

本书深入浅出地讲解了使用 Dreamweaver 制作网页的方法和技巧。既能让具有一定网页设计经验的读者迅速熟悉网站的制作，也能让具有一定网页设计能力的读者加强网站制作的理论知识，并能使完全没有用过 Dreamweaver 的读者能够从大量精选案例的实战中体会运用 Dreamweaver 进行网页设计与网站制作的精髓。

同时，本书是由资深设计师与教学经验丰富的教师共同创作的，融会了多年的实战经验和设计技巧。可以说，阅读本书相当于在工作一线实习和进行职前训练。

（3）通俗易懂，易于上手

本书在介绍使用 Dreamweaver 进行网页设计时，先通过小实例引导读者掌握 Dreamweaver 软件中各种实用工具的应用方法，再深入地讲解各个相关工具的知识，以使读者更易于理解各种工具在实际工作中的作用。对于初学者以及具有一定基础的读者而言，只要按照书中的步骤一步步学习，就能够在较短的时间内掌握 Dreamweaver 网页设计的要领。

2. 本书体例结构

本书每一章的基本结构为"本章导读+基础知识+应用实践+知识链接+自我检测"，旨在帮助读者夯

实理论基础，锻炼应用能力，并强化巩固所学知识与技能，从而取得温故知新、举一反三的学习效果。

- 本章导读：简要介绍知识点，明确所要学习的内容，便于读者明确学习目标，分清主次，以及重点与难点。
- 基础知识：通过小实例讲解 Dreamweaver 软件中相关工具的应用方法，以帮助读者深入理解各个知识点。
- 应用实践：通过综合实例引导读者提高灵活运用所学知识的能力，并熟悉网页设计的流程及其制作方法。
- 知识链接：简要介绍与本章内容紧密相关的、实用的 Dreamweaver 软件中的其他小工具，以进一步提高读者运用 Dreamweaver 进行网页设计的能力。
- 自我检测：精心设计习题与上机练习，读者可据此检验自己的掌握程度并强化巩固所学知识。

3. 配套教学资料

本书提供以下配套教学资料：

- 书中所有的素材、源文件与效果文件；
- PowerPoint 课件；
- 书中重点章节的视频演示。

本书讲解由浅入深，内容丰富，实例新颖，实用性强，既可作为各类院校和培训班的网络技术相关专业的教材，也适合想快速掌握运用 Dreamweaver 软件进行网页设计的读者阅读。

本书由李彪、杨仁毅执笔编写，参与本书编写的人员有李彪、李勇、牟正春、鲁海燕、杨仁毅、邓春华、唐蓉、蒋平、王金全、朱世波、刘亚利、胡小春、陈冬、许志兵、余家春 、成斌、李晓辉、陈茂生、尹新梅、刘传梁、马秋云、彭中林、毕涛、戴礼荣、康昱、李波、刘晓忠、何峰、冉红梅、黄小燕等人，在此感谢所有关心和支持我们的同行们。

尽管我们精益求精，疏漏之处在所难免，恳请广大读者批评指正。我们的联系邮箱是 lisha@ptpress.com.cn，欢迎读者来信交流。

编 者
2010 年 2 月

目 录

第 1 章　认识网页与 Dreamweaver CS4 ·· 1

1.1　认识网页与网站 ··· 2
1.2　网页设计的基本原则 ·· 2
1.3　网站制作流程 ··· 4
1.4　认识 Dreamweaver CS4 ··· 5
　　1.4.1　启动与退出 Dreamweaver CS4 ·· 5
　　1.4.2　Dreamweaver CS4 窗口简介 ··· 6
　　1.4.3　Dreamweaver CS4 的参数设置 ·· 9
1.5　应用实践 ·· 10
　　1.5.1　任务 1——Dreamweaver CS4 的快捷操作 ···································· 10
　　1.5.2　任务 2——个性化代码视图设置 ··· 12
1.6　知识链接 ·· 13
　　1.6.1　认识 HTML ··· 13
　　1.6.2　HTML 的基本语法 ··· 14
1.7　自我检测 ·· 19

第 2 章　网页基本编辑操作 ·· 20

2.1　网页的创建与存储 ·· 21
　　2.1.1　创建网页 ··· 21
　　2.1.2　存储网页 ··· 21
2.2　网页的打开与关闭 ·· 21
　　2.2.1　打开网页 ··· 22
　　2.2.2　关闭网页 ··· 22
2.3　在网页中插入当前日期 ·· 23
2.4　插入水平线 ··· 23
2.5　应用实践 ·· 24
　　2.5.1　任务 1——在网页中制作彩色水平线 ··· 24
　　2.5.2　任务 2——利用水平线制作多彩表格 ··· 26
2.6　知识链接 ·· 28
　　2.6.1　使用标尺 ··· 28
　　2.6.2　使用网格 ··· 29

2.7 自我检测 ··· 30

第3章 编辑网页文本 ··· 32

3.1 添加网页文本 ·· 33
　　3.1.1 直接在网页窗口中输入文本 ·················· 33
　　3.1.2 复制粘贴外部文本 ·························· 33
　　3.1.3 导入 Office 程序文本 ······················ 34
　　3.1.4 在网页中添加空格 ·························· 35
3.2 项目列表与编号列表 ······································ 35
　　3.2.1 插入项目列表 ······························ 36
　　3.2.2 插入编号列表 ······························ 36
3.3 应用实践 ··· 37
　　3.3.1 任务 1——制作并设置"公司简介"网页文本效果 ···· 37
　　3.3.2 任务 2——使用列表排版"美容护肤"网页 ······ 40
3.4 知识链接 ··· 43
　　3.4.1 插入特殊符号 ······························ 43
　　3.4.2 添加/删除字体列表 ························· 44
3.5 自我检测 ··· 45

第4章 创建与管理站点 ······································· 46

4.1 站点的规划 ··· 47
4.2 认识站点面板 ··· 47
4.3 应用实践 ··· 48
　　4.3.1 任务 1——创建我的第一个网站 ·············· 48
　　4.3.2 任务 2——管理网页文档 ···················· 51
4.4 知识链接 ··· 53
　　4.4.1 远程站点 ·································· 53
　　4.4.2 站点的基本编辑操作 ························ 54
4.5 自我检测 ··· 56

第5章 网页中的图像处理 ····································· 57

5.1 网页中常用的图像格式 ···································· 58
5.2 插入图像 ··· 58
5.3 鼠标经过图像 ··· 60
5.4 网页背景 ··· 60
　　5.4.1 网页背景颜色 ······························ 61
　　5.4.2 网页背景图像 ······························ 61
5.5 图像映射 ··· 62
5.6 应用实践 ··· 64

5.6.1 任务1——网页导航条 ·· 64

5.6.2 任务2——为网页图像不同部分分别添加替换文字 ··············· 67

5.7 知识链接 ·· 70

5.7.1 图像占位符 ·· 70

5.7.2 设置外部图像编辑器 ·· 72

5.8 自我检测 ·· 73

第6章 使用表格进行网页布局 ··· 75

6.1 创建表格 ·· 76

6.2 应用表格 ·· 77

6.2.1 输入表格内容 ··· 77

6.2.2 选定表格元素 ··· 78

6.2.3 设置表格与单元格属性 ··· 80

6.2.4 添加和删除行或列 ··· 81

6.2.5 单元格的合并及拆分 ·· 82

6.2.6 嵌套表格 ··· 83

6.3 应用实践 ·· 83

6.3.1 任务1——利用表格属性制作隔距边框表格 ·························· 83

6.3.2 任务2——使用表格与图像制作汽车网页 ···························· 87

6.4 知识链接 ·· 91

6.4.1 表格的排序 ·· 91

6.4.2 导入和导出表格数据 ·· 92

6.5 自我检测 ·· 93

第7章 层与超级链接 ··· 95

7.1 层的特点 ·· 96

7.2 层的基本操作 ·· 96

7.2.1 创建层 ·· 96

7.2.2 设置层参数 ·· 96

7.2.3 层面板 ·· 97

7.2.4 编辑层 ·· 98

7.3 超级链接 ·· 99

7.3.1 URL简介 ·· 99

7.3.2 超级链接路径 ··· 100

7.3.3 网站内部链接 ··· 101

7.3.4 网站外部链接 ··· 102

7.3.5 创建电子邮件链接 ··· 102

7.3.6 创建空链接 ·· 102

7.3.7 创建下载链接 ··· 103

7.4 应用实践 ·· 104
    7.4.1 任务 1——使用层创建网页特殊文字效果 ··········· 104
    7.4.2 任务 2——运用电子邮件链接与下载链接创建网页 ··· 106
7.5 知识链接 ·· 111
    7.5.1 脚本链接 ·· 111
    7.5.2 锚记链接 ·· 112
7.6 自我检测 ·· 114

第 8 章　制作多媒体效果网页 ·· 116
8.1 认识多媒体 ·· 117
8.2 插入 Flash 动画 ·· 117
8.3 插入声音 ·· 118
8.4 插入 ActiveX 控件 ··· 119
8.5 应用实践 ·· 121
    8.5.1 任务 1——制作透明动画网页 ···························· 121
    8.5.2 任务 2——创建网页视频 ··································· 125
8.6 知识链接 ·· 130
    8.6.1 插入 Shockwave 影片 ·· 130
    8.6.2 插入 Java Applet ··· 131
8.7 自我检测 ·· 132

第 9 章　应用模板和库制作网页 ·· 134
9.1 模板和库的概念 ·· 135
    9.1.1 模板的概念 ·· 135
    9.1.2 库的概念 ·· 135
9.2 使用模板 ·· 135
    9.2.1 创建模板 ·· 135
    9.2.2 设计模板 ·· 137
    9.2.3 定义模板区域 ·· 137
9.3 使用库 ··· 141
    9.3.1 创建库项目 ·· 141
    9.3.2 库项目属性面板 ··· 141
    9.3.3 编辑库项目 ·· 142
    9.3.4 添加库项目 ·· 142
9.4 应用实践 ·· 143
    9.4.1 任务 1——使用模板制作网页 ···························· 143
    9.4.2 任务 2——使用库完善网页 ······························· 147
9.5 知识链接 ·· 152
    9.5.1 设置模板文档的页面属性 ··· 152

9.5.2 快速更新网站中所有页面 ································ 152

9.6 自我检测 ································ 153

第 10 章 使用框架制作网页 ································ 154

10.1 创建框架或框架集 ································ 155

10.1.1 创建自定义框架 ································ 155

10.1.2 创建预定义框架 ································ 156

10.1.3 创建嵌套框架 ································ 157

10.2 框架或框架集的操作 ································ 157

10.2.1 选择框架或框架集 ································ 157

10.2.2 保存框架或框架集 ································ 158

10.3 链接框架的内容 ································ 158

10.4 应用实践 ································ 159

10.4.1 任务 1——在框架中嵌入网页 ································ 159

10.4.2 任务 2——在网页中使用浮动框架 ································ 162

10.5 知识链接 ································ 169

10.5.1 框架与框架集属性 ································ 169

10.5.2 创建无框架内容 ································ 170

10.6 自我检测 ································ 171

第 11 章 使用表单 ································ 172

11.1 表单概述 ································ 173

11.2 创建表单 ································ 173

11.3 创建表单对象 ································ 174

11.3.1 创建文本域 ································ 174

11.3.2 创建单选按钮 ································ 176

11.3.3 创建复选框 ································ 176

11.3.4 创建下拉菜单 ································ 177

11.4 应用实践 ································ 178

11.4.1 任务 1——使用表单对象创建注册网页 ································ 178

11.4.2 任务 2——使用表单对象创建登录表单 ································ 183

11.5 知识链接 ································ 187

11.5.1 滚动列表 ································ 187

11.5.2 跳转菜单 ································ 188

11.5.3 图像域 ································ 189

11.6 自我检测 ································ 191

第 12 章 使用行为制作网页特效 ································ 192

12.1 行为的概念 ································ 193

12.2　使用行为面板 ·· 193

12.3　内置行为的使用 ··· 194

12.3.1　交换图像 ·· 194

12.3.2　恢复交换图像 ··· 195

12.3.3　打开浏览器窗口 ·· 196

12.3.4　调用 JavaScript ·· 197

12.3.5　转到 URL ·· 197

12.3.6　设置文本 ·· 198

12.4　应用实践 ·· 200

12.4.1　任务 1——在网页中放大图像 ····································· 200

12.4.2　任务 2——制作汽车网站弹出广告 ····························· 203

12.5　知识链接 ·· 207

12.5.1　行为参数的修改 ·· 207

12.5.2　行为排序 ·· 207

12.5.3　删除行为 ·· 207

12.6　自我检测 ·· 208

第 13 章　制作化妆品公司网站 ··· 209

13.1　案例分析 ·· 210

13.2　案例详解 ·· 211

13.2.1　创建站点 ·· 211

13.2.2　制作网站引导页 ·· 212

13.2.3　制作首页 ·· 216

13.2.4　制作品牌发展子页 ·· 223

13.2.5　制作产品大全子页 ·· 226

13.2.6　制作代理合作子页 ·· 230

13.2.7　制作护肤保养子页 ·· 232

13.2.8　制作联系我们子页 ·· 235

13.2.9　完善网站 ·· 238

第1章
认识网页与 Dreamweaver CS4

📖 **本章要点**

- 认识网页与网站
- 网页设计的基本原则
- 网站制作流程
- Dreamweaver CS4 的快捷操作
- 个性化代码视图设置

　　随着网络的日益普及，网站的数量及种类也日渐繁多。本章首先讲解了网页与网站的关系，然后介绍网页设计的基本原则，最后讲述了 Dreamweaver CS4 的基础知识，为网页制作工作做好充分的准备，为读者迈进网页制作大门打下坚实的基础。

▋1.1▋ 认识网页与网站

　　网络是一个无所不容的空间。从目前的发展来看，它已与我们的生活、工作息息相关。网络是由无数个网站构成的。而网站是由少则几个网页，多则上百个网页构成的具有相关联系的页面集合。

　　网页，也就是网站中的一"页"，通常是 HTML 格式的文件（文件扩展名为.html、.htm、.asp、.aspx、.php，或.jsp 等）。网页要通过网页浏览器来阅读。

　　网页是构成网站的基本元素，是承载各种网站应用的平台。通俗地说，网站就是由网页组成的。如果只有域名和虚拟主机而没有制作任何网页的话，网站仍旧无法被访问。网页实际是一个文件，它存放在世界某个角落的某一台计算机中，而这台计算机必须是与互联网相连的。网页经由网址（URL）来识别与存取，当我们在浏览器中输入网址后，经过一段复杂而又快速的程序处理，网页文件会被传送到用户的计算机，然后由浏览器解释网页的内容，进而展示到用户的眼前。

　　所谓网站（WebSite），就是指在因特网上根据一定的规则，使用 HTML 等工具制作的用于展示特定内容的相关网页的集合。简单地说，网站是一种通信工具，就像布告栏一样，人们可以通过网站来发布自己想要公开的信息，或者利用网站来提供相关的网络服务。人们可以通过网页浏览器来访问网站，获取自己需要的信息或者享受网络服务。

　　至于网页与网站的区别，简单来说网站是由网页集合而成的，大家通过浏览器所看到的画面就是网页，网页具体来说是一个 HTML 文件，浏览器就是用来解读这份文件的。也可以说网站是由许多 HTML 文件集合而成的。至于要多少网页集合在一起才能称作网站，这没有硬性规定，即使只有一个网页也能被称为网站。

▋1.2▋ 网页设计的基本原则

　　网页设计是一项极具创造性、挑战性的工作，要想把它做好，设计者必须具有一定的内涵。这种内涵不是来自个人的审美观和二进制的数据，而是来自人们自身对生活的经历和体验。网页设计师的真正目的在于把适合的信息传达给适合的观众。下面是一些网页设计中应注意的原则。

1. 明确建立网站的目标和用户需求

　　Web 站点的设计是展示企业形象、介绍产品和服务、体现企业发展战略的重要途径，因此必须明确设计站点的目的和用户需求，从而做出切实可行的设计计划。要根据消费者的需求、市场的状况、企业自身的情况等进行综合分析，牢记以用户为中心，而不是以界面为中心进行设计规划。在设计规划之初要考虑建设网站的目的是什么？为谁提供服务和产品？企业能提供什么样的产品和服务？网站的目的消费者和受众的特点是什么？企业产品和服务适合什么样的表现方式或风格？

2. 总体设计方案主题鲜明

　　在目标明确的基础上，完成网站的构思创意即总体设计方案。对网站的整体风格和特色做出定位，规划网站的组织结构。Web 站点应针对所服务对象（机构或人）的不同而具有不同的形式。有些站点

只提供简单的文本信息；有些则采用多媒体表现手法，提供华丽的图像、漂亮的动画、复杂的页面布局，甚至可以下载声音和视频片段。好的 Web 站点把图形表现手法和有效的组织与通信结合起来，要做到主题鲜明突出，要点明确，以简单明确的语言和画面体现站点的主题，调动一切手段充分表现网站的个性和情趣，突出网站的特点。

3.　网站的版式设计

网页设计作为一种视觉语言，要讲究编排和布局，虽然网页的设计不等同于平面设计，但它们有许多相近之处，应充分加以利用和借鉴。版式设计通过文字图形的空间组合，表达出和谐与美。一个优秀的网页设计师也应该知道哪一段文字图形该落于何处，才能使整个网页更加出色。多页面站点的编排设计要求把页面之间的有机联系反映出来，特别要处理好页面之间和页面内的秩序与内容的关系。为了达到最佳的视觉表现效果，应讲究整体布局的合理性，使浏览者有一个流畅的视觉体验。

4.　网页形式与内容相统一

要将丰富的内容和多样的形式组织成统一的页面结构，形式语言必须符合页面的内容，体现内容的丰富含义。运用对比与调和、对称与平衡、节奏与韵律以及留白等手段，通过空间、文字、图形之间的相互关系建立整体的均衡状态，可以产生和谐的美感。例如，对称原则在页面设计中表现的均衡感有时会使页面显得呆板，但如果加入一些富有动感的文字、图案，或采用夸张的手法来表现内容往往会达到比较好的效果。点、线、面是视觉语言中的基本元素，要使用点、线、面的互相穿插、互相衬托、互相补充构成最佳的页面效果。网页设计中点、线、面的运用并不是孤立的，很多时候都需要将它们结合起来，表现完美的设计意境。

5.　三维空间的构成

网络上的三维空间是一个假想空间，这种空间关系需借助动静变化、图像的比例关系等空间因素表现出来。在页面中，图片、文字位置前后叠压，或页面位置变化所产生的视觉效果都各不相同。图片、文字前后叠压所构成的空间层次目前还不多见，网上更多的是一些设计比较规范、简明的页面。叠压排列能产生强节奏的空间层次，视觉效果强烈。网页上常见的是页面上、下、左、右、中位置所产生的空间关系，以及疏密的位置关系所产生的空间层次，这两种位置关系使产生的空间层次富有弹性，同时也让人产生轻松或紧迫的心理感受。

6.　多媒体功能的使用

网络资源的优势之一是多媒体功能。要吸引浏览者注意力，页面的内容可以用三维动画、Flash等来表现。但要注意，由于网络带宽的限制，在使用多媒体的形式表现网页的内容时应考虑客户端的传输速率。

7.　网站测试和改进

测试实际上是模拟用户访问网站的过程，用以发现问题并改进设计。要注意让用户参与网站测试。

8.　合理运用新技术

新的网页制作技术几乎每天都会出现，如果不是介绍网络技术的专业站点，一定要合理地运用网页制作的新技术，切忌将网站变为一个网页制作技术的展台，永远记住，用户方便快捷地得到所需要的信息是最重要的。

1.3 网站制作流程

作为网页的集合，网站的类型、主题和风格决定着网站中各个网页，尤其是主页的设计思路与实现手段。不同类型网站的设计制作过程是不一样的，但大体上都遵循选择网站主题、规划网站栏目和目录结构、设计网页布局以及整合网页内容这4个步骤。

1. 选择网站主题

在制作网页时，首先要清楚建立网站的目的是什么。如果是个人网站，那么网页的设计可以围绕个性化来进行；如果是企业网站，则应立足于企业形象展示来进行设计。在确定网站主题后，即可组织网站内容，搜集所需的资料，尤其是相关的文本和图片，准备得越充分，越有利于下一步网站栏目的规划。

2. 规划网站栏目和目录结构

确定了网站主题后，即可根据网站内容开始规划网站栏目。网站栏目实际上是一个网站内容的大纲索引，在规划时要注意以下几点。

（1）对搜集到的资料进行分类，并为各类建立专门的栏目，各栏目的主题围绕网站主题展开，同时栏目的名称要具有概括性，各栏目名称字数最好相同。规划网站栏目的过程实际上是对网站内容的细化，一个栏目有可能就是一个专栏网页。

（2）在创建网站目录结构时，不要将所有的文件都存放在根目录下，而是应该按照网站栏目来建立，如企业站点可以按公司简介、产品介绍、在线订单、信息反馈等建立相应的目录。通常一个站点根目录下都有一个 Images 目录，如果把站点的所有图片都放在这个目录下，不便于管理，因此也应该为每个栏目建立一个独立的 Images 目录，而根目录下的 Images 目录只用于存放主页中的图片。

（3）在为目录文件命名时要使用简短的英文形式，文件名应不超过 8 个字符，一律以小写字母处理。另外，大量同一类型的文件应该以数字序号标识区分，以利于查找修改。

3. 设计网页布局

网页的布局主要是指针对网站主页的版面设计，因此最好先用笔将构思的页面布局草图勾勒出来，然后再进行版面的细化和调整。在设计时应该先把一些主要的元素放到网页中，如网站的标志、广告栏、导航条等，这些元素应该放在最突出、最醒目的位置，然后再考虑其他元素的放置。在将各主要元素确定好之后，就可以考虑文字、图片、表格等页面元素的排版布局了。确定布局草案后，利用网页制作工具，如 Dreamweaver，可把草案做成一个简略的网页，以观察总体效果，对不协调的地方进行调整。

网页布局的好坏是决定网站美观与否的一个重要方面，通过合理的、有创意的布局，能把文字、图像等内容完美地展现在浏览者面前。对于网页制作初学者来说，应该多参考优秀站点的版面设计，多阅读平面设计类书籍，来提高自己的艺术修养和网页版面布局水准。

4. 整合网页内容

在确定了网页布局后，就需要将收集到的素材落实为网站标志、广告栏、导航栏、按钮、文本、

图片、动画等页面元素，这一阶段的任务实际上是通过各种图形图像工具和文字工具对素材进行编辑和处理，然后通过网页制作工具，将其添加到布局版面中，完成网页的制作。

1.4 认识 Dreamweaver CS4

Dreamweaver CS4 是 Macromedia 公司与 Adobe 公司合并后新推出的一款功能强大的网页制作软件，它将可视布局工具，应用程序开发功能和代码编辑支持组合为一个功能强大的工具系统，使每个级别的开发人员和设计人员都可利用它快速地创建网页界面。

1.4.1 启动与退出 Dreamweaver CS4

1. 启动 Dreamweaver CS4

若要启动 Dreamweaver CS4，可执行下列操作之一。

- 执行 "开始" → "所有程序" → "Adobe Dreamweaver CS4" 命令，即可启动 Dreamweaver CS4，如图 1-1 所示。

图 1-1 启动 Dreamweaver CS4

- 直接在桌面上双击 **Dw** 快捷图标。
- 双击 Dreamweaver CS4 相关联的文档。

2. 退出 Dreamweaver CS4

若要退出 Dreamweaver CS4，可执行下列操作之一。

- 单击 Dreamweaver CS4 程序窗口右上角的 ✕ 按钮。
- 执行 "文件" → "退出" 命令。
- 双击 Dreamweaver CS4 程序窗口左上角的 **Dw** 图标。
- 按 "Alt+F4" 组合键。

1.4.2 Dreamweaver CS4 窗口简介

启动 Dreamweaver CS4 后，软件窗口如图 1-2 所示。

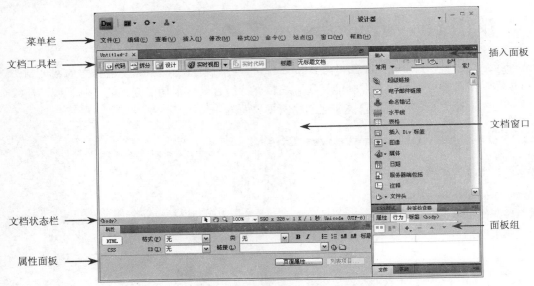

图 1-2 Dreamweaver CS4 设计窗口

1. 菜单栏

菜单栏显示了制作网页时需要的各种命令。Dreamweaver 菜单栏的功能见表 1-1。

表 1-1   Dreamweaver 菜单功能

菜单名称	功　　能
文件	用来管理文件，如新建、打开、保存、导入、导出、打印文件等
编辑	用来编辑文件，如复制、剪切、粘贴、查找、替换、撤销、重做等
查看	用来切换视图模式及显示/隐藏页面元素
插入	用来插入各种元素，如图片、表格、框架、多媒体组件等
修改	用来对页面元素进行修改，如修改页面属性、表格、框架等
格式	用来设置文本格式
命令	提供对各种附加命令项的访问
站点	用来创建和管理站点
窗口	用来显示/隐藏各种面板
帮助	提供联机帮助系统

2. 文档工具栏

包含视图（"设计视图"、"代码视图"、"拆分视图"）切换按钮、视图选项按钮、文档标题文本框等。

3. 文档窗口

文档窗口又称为文档编辑区,主要用来显示或编辑文档,其显示模式分为 3 种:代码视图、拆分视图与设计视图,分别如图 1-3、图 1-4 和图 1-5 所示。

图 1-3　代码视图

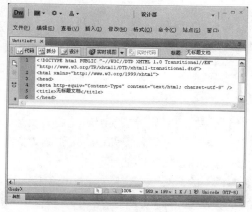

图 1-4　拆分视图

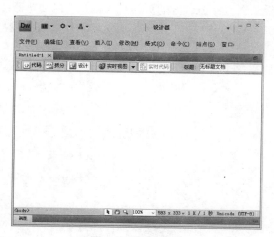

图 1-5　设计视图

4. 属性面板

"属性"面板用来设置页面上正被编辑内容的属性,内容不同,"属性"面板上显示的属性也不同。表格与表单的"属性"面板,分别如图 1-6、图 1-7 所示。它们显示了表格与表单不同的属性。单击 △ 按钮,可折叠"属性"面板。单击 ▽ 按钮,则可以展开"属性"面板。如果要隐藏"属性"面板,则需要执行菜单栏中的"窗口"→"属性"命令或按"Ctrl+F3"组合键。

图 1-6　表格"属性"面板

图 1-7　表单"属性"面板

"属性"面板中的内容会随着当前页面中选定的元素发生变化，在大多数情况下，对于属性所做的更改会立刻应用在文档的窗口中，但是有些属性更改，则需要在属性文本域外单击或按"Enter"键才会有效。

5. 文档状态栏

文档状态栏用来显示当前编辑文档的状态。左侧 <body> 是标签选择器，单击某个标签，即可将窗口中相应对象选中；右侧 590 x 328 是文档窗口尺寸选择器；1 K / 1 秒 显示当前文档容量及按照预设的网速下载该文档的估计时间。

状态栏上的 590 x 328 表示文档窗口尺寸，590 为宽度值，328 为高度值，单位为像素（pixel），单击尺寸值，将弹出如图 1-8 所示的菜单。

通过此菜单可以选择窗口尺寸，使它与显示器设置的分辨率相适应，从而制作出有最佳效果的网页。这里所指的窗口尺寸是指在浏览器窗口内的页面尺寸，不包括浏览器边框。例如使用的是 IE 浏览器，并且设置其分辨率是 1024 像素×768 像素，那么这时就应该选择窗口尺寸为"955×600（1024×768，最大值）"的一项。

页面窗口尺寸选择菜单内提供了推荐的窗口尺寸，这些尺寸是可以根据自己的需要重新定义的。选择菜单中最后一项"编辑大小"命令，将弹出"首选参数"对话框，如图 1-9 所示。在对话框中可以修改现有尺寸或者定义新尺寸。

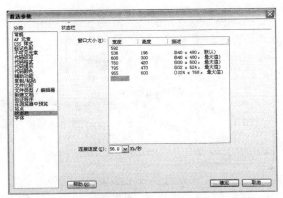

图 1-8　页面窗口尺寸选择菜单　　　　图 1-9　"首选参数"对话框"状态栏"参数设置

6. 插入面板

将"插入"菜单中的命令以按钮的形式分类放置的一栏，便于制作人员快速地调用。

7. 面板组

面板组是在某个标题下的相关面板的集合，可以将一些功能相关的面板组合在一起便于使用。

1.4.3　Dreamweaver CS4 的参数设置

在 Dreamweaver CS4 中，通过设置参数可以改变 Dreamweaver 界面的外观和面板、站点、字体、状态栏等对象的属性特征。

1．常规参数的设置

执行"编辑"→"首选参数"命令，或按"Ctrl+U"组合键，打开"首选参数"对话框，选择"分类"列表中"常规"选项，如图 1-10 所示。

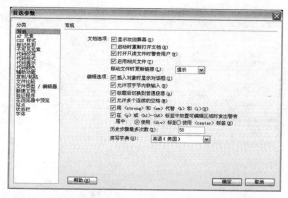

图 1-10　"首选参数"对话框"常规"参数设置

常规参数设置各选项的作用如下。

- 显示欢迎屏幕：选中该复选框，Dreamweaver CS4 在启动时显示可选功能界面。
- 启动时重新打开文档：确定以前编辑过的文档在再次启动时是否重新打开。
- 打开只读文件时警告用户：该复选框用于决定在打开只读文件时是否提示该文件为只读文件。
- 启用相关文件：选中该复选框，打开网页文件时启用相关的文件。
- 移动文件时更新链接：用来设置移动文件时是否更新文件中的链接。
- 插入对象时显示对话框：该复选框用于决定在插入图片、表格、Shockwave 电影及其他对象时，是否弹出对话框。若不选中该复选框，则不会弹出对话框，这时只能在属性面板中指定图片的源文件、表格行数等。
- 允许双字节内联输入：选中该复选框，就可以在文档窗口中直接输入双字节文本；不选中该复选框，则会出现一个文本输入窗口来输入和转换文本。
- 标题后切换到普通段落：指定在"设计"视图中于一个标题段落的结尾按"Enter"键时。
- 允许多个连续的空格：选中此复选框，就可以输入多个连续的空格。
- 用<strong>和<em>代替<b>和<i>：选中该复选框，代码中的<b>和<i>将分别用<strong>和<em>代替。
- 在<p>或<h1>-<h6>标签中放置可编辑区域时发出警告：指定在 Dreamweaver 中保存一个段落或标题标签内具有可编辑区域的 Dreamweaver 模板时是否发出警告信息。该警告信息会通知用户将无法在此区域中创建更多段落。
- 历史步骤最多次数：该文本框用于设置历史面板所记录的步骤数目。如果步骤数目超过了该处设置的数目，则历史面板中前面的步骤就会被删掉。

- 拼写字典：该下拉列表框设置的字典用于检查所建立文件中文字的拼写，默认设置为英语（美国）。

> 提示：在输入法的全角状态下，也能输入多个连续的空格。

2．设置字体参数

在 Dreamweaver CS4 中，可以为新文件设置默认字体或者对新字体进行编辑。

在"首选参数"对话框中选择"分类"列表中的"字体"选项，如图 1-11 所示。

图 1-11　"字体"参数设置

"字体"参数设置中各属性的作用如下。

- 字体设置：Dreamweaver CS4 文件中可以使用的字体。
- 均衡字体：在正规文本中使用的字体，如段落、标题以及表格中的文本。默认字体为系统已经安装的字体。
- 固定字体：Dreamweaver CS4 在 pre、code 以及 tt 标记中使用的字体。
- 代码视图：显示在代码面板中文本的字体，默认字体与固定字体相同。
- 使用动态字体映射：选中"使用动态字体映射"复选框可以定义模拟设备时所使用的设备字体。在网页文件中，用户可以指定通用设备字体，如 sans、serif 或 typewriter。Dreamweaver 会在运行时自动尝试将选定的通用字体与设备上的可用字体相匹配。

▊1.5▊ 应用实践

1.5.1　任务 1——Dreamweaver CS4 的快捷操作

任务要求

在 Dreamweaver CS4 中自定义各项操作的快捷键，以提高制作网页的工作效率。

任务分析

使用 Dreamweaver CS4 制作网页时，各项操作常常需要在菜单中选择命令来执行，如果要节约制作时间，提高制作效率，就可以在 Dreamweaver 中定义各项操作的快捷键。

任务设计

要在 Dreamweaver 中定义各项操作的快捷键，首先要执行"编辑"菜单中的"快捷键"命令，然后在弹出的对话框中进行设置。以定义快捷键快速打开"表格"对话框为例，如图 1-12 所示。

图 1-12　快速打开"表格"对话框

完成任务

Step 1　打开"快捷键"对话框。启动 Dreamweaver CS4，执行"编辑"→"快捷键"命令，打开如图 1-13 所示的"快捷键"对话框。

Step 2　选择"表格"命令。展开"插入"菜单，选择"表格"选项，如图 1-14 所示。

图 1-13　"快捷键"对话框

图 1-14　选择"表格"命令

Step 3　确定设置。单击 ➕ 按钮，程序弹出如图 1-15 所示的对话框，单击 ▢确定▢ 按钮后程序会弹出如图 1-16 所示的对话框，再一次单击 ▢确定▢ 按钮即可。

图 1-15　"Dreamweaver"对话框

图 1-16　"复制副本"对话框

Step 4　设置快捷键。将光标置于"按键"文本框中，按任意快捷键，如"Ctrl+F5"组合键，完成后单击 ▢更改▢ 按钮，设置的快捷键将出现在"快捷键"文本框中，如图 1-17 所示。

Step 5　测试快捷键。单击 ▢确定▢ 按钮后，按"Ctrl+F5"组合键，即可打开如图 1-12 所示

的"表格"对话框。

图 1-17　设置快捷键

归纳总结

本例讲述了 Dreamweaver CS4 中的快捷操作，是通过对"编辑"菜单中的"快捷键"进行设置来实现的。需要注意的是，要定义某项操作的快捷键，只需在"快捷键"对话框中展开相应的菜单，选择命令即可。

1.5.2　任务 2——个性化代码视图设置

任务要求

在 Dreamweaver CS4 中设置"代码视图"中代码的显示方式。

任务分析

本例将进行个性化"代码视图"设置，将"代码视图"中代码的字体与字号进行自定义设置，以方便自己的操作。

任务设计

本例主要是在"首选参数"对话框中对"代码视图"中代码的字体、字号进行设置，从而更改"代码视图"中的显示方式。完成后的效果如图 1-18 所示。

完成任务

Step 1　选择"字体"选项。执行"编辑"→"首选参数"命令，或者按"Ctrl+U"组合键，打开"首选参数"对话框，在对话框中选择"分类"列表中的"字体"选项，如图 1-19 所示。

Step 2　设置字体与大小。在"代码视图"下拉列表中选择代码的显示字体；在旁边的"大小"下拉列表中选择字体的大小，如图 1-20 所示。

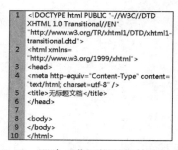

```
1  <!DOCTYPE html PUBLIC "-//W3C//DTD
   XHTML 1.0 Transitional//EN"
   "http://www.w3.org/TR/xhtml1/DTD/xhtml1-
   transitional.dtd">
2  <html xmlns=
   "http://www.w3.org/1999/xhtml">
3  <head>
4  <meta http-equiv="Content-Type" content=
   "text/html; charset=utf-8" />
5  <title>无标题文档</title>
6  </head>
7
8  <body>
9  </body>
10 </html>
```

图 1-18　更改"代码视图"的显示方式

图 1-19　"首选参数"对话框"字体"选项

图 1-20　设置"代码视图"中代码的显示方式

Step 3　更改显示方式。完成后单击 `确定` 按钮，在"文档工具栏"中单击 `代码` 按钮进入"代码视图"，即可看到代码的显示方式改变了，如图 1-18 所示。

归纳总结

本例进行的是个性化代码视图设置的操作，重点是"首选参数"对话框的应用。在进行个性化代码视图设置时，要将代码视图的显示设置为符合自己操作习惯的样式，千万不要为了漂亮的效果将代码视图设置得五颜六色，令人眼花缭乱，反而不利于操作。

▌1.6▌ 知识链接

1.6.1　认识 HTML

HTML 全称是 Hyper Text Markup Language，即超文本标记语言，是用来描述 Internet 服务器上超

文本文件的语言。

HTML 不是一种编程语言，而是一种页面描述性标记语言。它通过各种标记描述不同的内容，说明段落、标题、图像、字体等在浏览器中的显示效果。浏览器打开 HTML 文件时，将根据 HTML 标记来显示内容。

HTML 能够将 Internet 上不同服务器中的文件连接起来，可以将文字、声音、图像、动画、视频等媒体有机组织起来，展现出五彩缤纷的画面。

HTML 是网页的核心，掌握 HTML 的语法规则是编辑网页的基础。另外，掌握 HTML 后，也可以脱离网页设计工具来编辑网页源代码。

HTML 标记的一般使用格式为：

<标记符>内容</标记符>

标记符一般需要配对使用，前面的"<标记符>"表示某种格式的开始，后面的"</标记符>"表示这种格式的结束，而这对标记符之间的内容就是被作用的对象了。

HTML 文件是一种纯文本文件，可以用任何文本编辑器来创建和编辑，如 Windows 中的记事本程序。

1.6.2　HTML 的基本语法

HTML 的功能是通过各种标记来实现的，其中有些标记是 HTML 文件不可缺少的，一个最基本网页的 HTML 代码格式如下：

```
<html>
   <head>
      <title> HTML 的基本语法</title>
   </head>
   <body>
      学习 HTML 的基本语法
   </body>
</html>
```

将这段代码输入到文本编辑器（如 Windows 中的记事本程序）中，保存为 HTML 文件（扩展名为.htm 或.html），然后用 IE 浏览器打开它，显示效果如图 1-21 所示。

下面对常用的 HTML 标记作一些介绍。

1. 基本标记

（1）html。html 文件必须包含 html 标记，该标记由"<html>"和"</html>"构成，"<html>"是起始标记，"</html>"是结束标记。所有代码都包含于"<html>"和"</html>"之间。网页浏览器在读入 html 文件时，根据 html 标记将文件识别和解释为网页文件。

图 1-21　显示效果

（2）head。head 标记为文件头标记，由"<head>"和"</head>"构成，可以包含文档的标题，如"<title>…</title>"等标记，如图 1-22 所示。

（3）title。title 标记为标题标记，由"<title>"和"</title>"构成，包含于"<head>"和"</head>"之间，用来定义网页的标题。该标题将显示在浏览器窗口标题栏中。

（4）body。body 标记为网页主体标记，由"<body>"和"</body>"构成。"<body>…</body>"是 HTML 文档的主体部分，包含表格"<table>…</table>"等许多标签，如图 1-23 所示。body 标记用来定义 HTML 文件的显示内容，包括文字、图像、动画、段落、表格等。

```
<!DOCTYPE html PUBLIC "-//W3C//DTD XHTML 1.0 Transitional//EN"
"http://www.w3.org/TR/xhtml1/DTD/xhtml1-transitional.dtd">
<html xmlns="http://www.w3.org/1999/xhtml">
<head>
<meta http-equiv="Content-Type" content="text/html; charset=utf-8" />
<title>无标题文档</title>
</head>

<body>
</body>
</html>
```

图 1-22 "<head>"和"</head>"标签中的内容

```
<!DOCTYPE html PUBLIC "-//W3C//DTD XHTML 1.0 Transitional//EN"
"http://www.w3.org/TR/xhtml1/DTD/xhtml1-transitional.dtd">
<html xmlns="http://www.w3.org/1999/xhtml">
<head>
<meta http-equiv="Content-Type" content="text/html; charset=utf-8" />
<title>无标题文档</title>
</head>

<body>
<table width="700" border="0" cellspacing="0" cellpadding="0">
  <tr>
    <td> </td>
    <td> </td>
  </tr>
  <tr>
    <td> </td>
    <td> </td>
  </tr>
  <tr>
    <td> </td>
    <td> </td>
  </tr>
</table>
</body>
</html>
```

图 1-23 "<body>"和"</body>"标签中的内容

2．文字及段落标记

（1）basefont。basefont 是文字基本属性标记。通过此标记可设置文字的基本字体、颜色、大小。

可采用 face 属性指定字体列表；用 Color 属性指定颜色，其值可用颜色名或颜色的十六进制代码；用 size 属性指定大小，其值可取 1～7，7 号字最大，1 号字最小。

例如：<basefont face=幼圆 color=#00ff00 size=4>绿色 4 号幼圆字体</basefont>

（2）font。font 是文字属性标记，用于设置文字的字体、颜色、大小。可采用 face 属性指定字体列表；用 Color 属性指定颜色，其值可用颜色名或颜色的十六进制代码；用 size 属性指定大小，其值可取 1～7，7 号字最大，1 号字最小。

例如：<font face=楷体_Gb2312 size=6 color=#FF0000 >楷体、6 号、红色文字</font>

浏览效果如图 1-24 所示。

若 size 的值取 ±n，n 为自然数，则是指定相对大小。例如：

```
<basefont size=4>基本文字大小为 4
<font size=+1>文字大小为 5</font>
<font size=-2>文字大小为 2</font>
</basefont>
```

楷体、6号、红色文字

图 1-24　文本效果

基本文字大小为 4，加 1 后文字大小为 5，减 2 后文字大小为 2。

（3）align。align 标记用于设置对齐方式，往往与其他标记混合使用。align 的取值为 left（左对齐）、center（居中对齐）、right（右对齐）3 种，例如：

```
<html>
<head>
<title>对齐方式示例</title>
</head>
<body>
```

```
<h3 align="left">文本左对齐</h3>
<h3 align="center">文本居中对齐</h3>
<h3 align="right">文本右对齐</h3>
</body>
</html>
```

图 1-25 对齐方式示例

创建包含以上代码的 HTML 文件，浏览效果如图 1-25 所示。

（4）p。p 标记是段落标记，由"<p>"和"</p>"构成，"</P>"可省略。其作用是用来分开正文，使各部分独立成段，以便作为一个对象来处理。

（5）br。br 标记是换行标记，由"
"构成。其作用是强制文本换行，但不产生空行，该标记前后的内容仍属同一段。

其他的部分文字及段落标记见表 1-2。

表 1-2　　　　　　　　　　　　　　部分文字及段落标记

标　　记	作　　用
<hn></hn>	定义标题文本大小，其中 n 取 1～6 的数字，共有 h1、h2、h3、h4、h5、h6 这 6 级标题
<b></b>	设置粗体字
<i></i>	设置斜体字
<u></u>	设置下划线
<del></del>	设置删除线
<tt></tt>	设置打字体（固定宽度文字）
	设置上标
	设置下标
<!…>	设置注释
<big></big>	将<basefont size>指定的基本字号加大 1
<small></small>	将<basefont size>指定的基本字号减小 1
<center></center>	将内容居中显示
<pre></pre>	以文件原始格式显示

3. 链接标记

链接标记是 HTML 中最重要的标记，它可以将成千上万的网页连在一起，使浏览者随心所欲地浏览，畅游多姿多彩的网络世界。

（1）base。此标记用于设定基本 URL，以后只要设定地址即会自动加上该 URL。

其主要属性有：href（链接的 URL）、target（指定用于打开链接页面的目标框架或窗口）。例如：

```
<base href="http://www.163.com/" target=_blank>
<a href="index.html">网易</a>
```

当用户单击"网易"链接时，将在新窗口中打开 http://www.163.com/index.html。

（2）a。此标记用于设置超级链接，其主要属性有：href（链接的 URL）、name（名称）及 target

（指定用于打开链接页面的目标框架或窗口）。例如：

① 外部链接。<a href="http://www.sohu.com" target=_self>搜狐</a>

② 锚记链接。若有 ch1.htm 和 ch2.htm 两个网页文件，ch1.htm 文件包含以下内容：

```
<a href=#X>■</a>（链接到本文件中的 X 锚点）
<a name=X></a>（本文件中定义的 X 锚点）
```

ch2.htm 文件包含以下内容：

```
<a href=ch1.htm#X>■</a>（链接到 ch1.htm 文件中的 X 锚点）
```

其中"■"表示超级链接对象。

（3）设置超级链接颜色采用"<body>...</body>"标记，主要通过下面 3 种属性来设置超级链接文本颜色。

alink：鼠标单击时的超级链接文本颜色。

link：未访问过的超级链接文本颜色。

vlink：已访问过的超级链接文本颜色。

例如：<body link=#0000FF alink=#FF0000 vlink=#00FF00>... </body>

4．图片标记

（1）设置网页背景色或背景图片。采用 body 标记，设置背景颜色采用 bgcolor 属性，设置背景图片采用 background 属性。例如：

```
<body bgcolor=#ffffff>...</body>
<body background=bg.jpg>...</body>
```

（2）img 标记。img 标记是插入图片的标记，主要属性有 src（图片源）、align（对齐）、width（宽度）、height（高度）、border（边框）、alt（替代文字）。

src 可取图片（.gif、.jpg 图片等）或 AVI 格式的电影为图片源。例如：

```
<img src="/images/bg.jpg" alt="背景图片" width="450" height="300" align="top" border="1">
```

插入名为 bg.jpg 的图片，其宽高分别为 450 像素和 300 像素，顶端对齐，边框粗细为 1 个像素，图片不能正常显示时的替代文字为"背景图片"。

5．文件头标记

除了 title 标记外，文件头"<head>...</head>"里还有其他几个常用标记。

（1）meta。meta 标记是记录页面有关信息（如字符编码、作者、提要或关键字等）的 head 元素。此标记也可以用来向服务器提供信息，如页面的失效日期、刷新间隔等。

使用 meta 标记有两种形式：http-equiv 和 name。

http-equiv 类似于 http 的头部协议，它回应给浏览器一些有用的信息，以帮助准确地显示网页内容。

① 常用的 http-equiv 类型如下。

● expires（期限）。

说明：用于设定网页的到期时间，一旦网页过期，必须到服务器上重新调阅。

用法：<meta http-equiv="expires" content="Wed, 26 Feb 1997 08:21:57 GMT">

● pragma（cache 模式）。

说明：禁止浏览器从本地计算机的缓存中调阅页面内容。

用法：<meta http-equiv="pragma" content="no-cache">

提示：这样设定，访问者将无法脱机浏览。

- refresh（刷新）。

说明：可以让网页定时自动刷新或链接到其他网页。

用法：<meta http-equiv="refresh" content="5;URL=http://www.yahoo.com.cn">

提示：其中的 5 是指 5s 后自动链接到雅虎网站。

- content-type（设置显示字符集）。

说明：设定页面使用的字符集。

用法：<meta http-equiv="content-type" content="text/html; charset=gb2312">

② 常用的 name 变量类型如下。

- keywords（关键字）。

说明：用来告诉搜索引擎网页的关键字是什么。

用法：<meta name="keywords" content="life,universe,mankind,plants,science">

- description（简介）。

说明：用来告诉搜索引擎网站的主要内容。

用法：<meta name="description" content="这是一个关于电脑技术的网站。">

- author（作者）。

说明：标注网页的作者。

用法：<meta name="author" content="zhongcheng,dxjyzc@sohu.com">

③ 关键字和描述的作用。

以上是 meta 标记的一些基本用法，其中最重要的就是 keywords 和 description 的设定。这两个语句可以让搜索引擎能准确地发现站点，吸引更多的人访问站点!

在添加 keywords 和 description 的 meta 标记时，应注意以下几点。

- 不要用常见词，例如 www、homepage、net、Web 等。
- 不要用形容词、副词，例如最好的，最大的等。
- 不要用笼统的词，要尽量精确，如不用"摩托罗拉手机"，改用"V998"等。
- 为了增加关键字的密度，将关键字隐藏在页面里（将文字颜色定义成与背景颜色一样）。
- 在图像的 alt 注释语句中加入关键字，如<img src="xxx.gif" alt="keywords">。
- 利用 HTML 的注释语句，在页面代码里加入大量关键字。用法：<!--这里插入关键字-->

（2）link。使用 link 标记可以定义当前文件与其他文件之间的关系。文件头中的 link 标记与 body 中的超级链接是不一样的。

一个典型应用就是外部层叠样式表的链接，格式如下：

```
<link href="css1.css" rel="stylesheet" type="text/css">
```

link 包含以下几个属性。

- href：指定当前文件相关联文件的 URL。
- id：为链接指定惟一标识符。
- title：描述关系。
- rel：设置当前文件与关联文件之间的关系。取值有替代、样式表、开始、下一步、上一步、

内容、索引、术语、版权、章、节、小节、附录、帮助和书签。若要指定多个关系，可用空格将各个值隔开。

- rev：设置当前文件与关联文件之间的相反关系（与 rel 相对）。取值范围与 rel 相同。
- Type：声明样式表是由 CSS 定义的。

（3）base。base 标记前面已有介绍，其作用是指定页面基本属性，此处不再赘述。

▌1.7▌ 自我检测

1．填空题

（1）HTTP 即_____协议，它是 WWW 服务器使用的主要协议。

（2）_____是网络的联系纽带，用户通过它可以在互联网上畅游。

（3）Dreamweaver CS4 的窗口部分是由菜单栏、_____、插入面板、_____、文档窗口、"属性"面板和面板组 7 部分组成的。

2．上机题

（1）使用 3 种方法打开"首选参数"对话框。

（2）自定义"代码视图"中代码的显示方式。

第 2 章
网页基本编辑操作

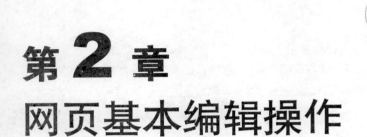

📖 **本章要点**

- 网页的创建与存储
- 网页的打开与关闭
- 在网页中插入当前日期
- 插入水平线
- 在网页中制作彩色水平线
- 利用水平线制作多彩表格

本章主要向读者介绍了使用 Dreamweaver CS4 创建网页基本对象的方法。希望读者通过对本章内容的学习，能够掌握网页的创建和保存、插入日期及插入水平线等知识。

▋2.1▋ 网页的创建与存储

在使用 Dreamweaver CS4 制作网页之前，我们先来介绍一下网页的创建和存储的基本操作。

2.1.1　创建网页

启动 Dreamweaver CS4 后，会出现一个功能选择界面，如图 2-1 所示。它包括"打开最近的项目"、"新建"、"主要功能" 3 个可选项目。

选择"新建"项目下的"HTML"选项，即可创建一个新的页面。如果勾选左下角的"不再显示"复选框，则下一次启动 Dreamweaver CS4 时就会直接创建一个 HTML 空白文档。

图 2-1　功能选择界面

2.1.2　存储网页

编辑好的网页需要保存起来，执行"文件"→"保存"命令，打开"另存为"对话框，如图 2-2 所示。在"保存在"下拉列表中选择文件保存的位置；在"文件名"文本框中输入保存文件的名称；完成设置后单击 保存(S) 按钮。

也可以直接在文档工具栏上方选中需要保存的网页文档，然后单击鼠标右键，在弹出的快捷菜单中选择"保存"命令，如图 2-3 所示。

图 2-2　"另存为"对话框

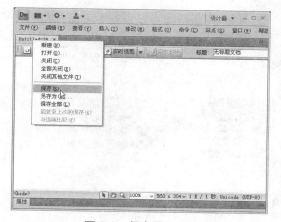

图 2-3　保存网页

▋2.2▋ 网页的打开与关闭

下面将向大家介绍网页的打开与关闭的基本操作。

2.2.1　打开网页

打开网页可执行以下操作。

如果要打开电脑中存有的网页文件，可执行"文件"→"打开"命令，在弹出的对话框中选择需要打开的文件。选定后单击 打开① 按钮，即可打开此文件，如图2-4所示。

2.2.2　关闭网页

关闭网页可执行下列操作之一。

● 单击文档窗口上方的关闭网页按钮，如图2-5所示。

图2-4　"打开"对话框

图2-5　单击文档关闭按钮

● 直接在文档工具栏上方选中需要关闭的网页文档，然后单击鼠标右键，在弹出的菜单中选择 "关闭"命令，如图2-6所示。如果选择"全部关闭"命令，则关闭所有网页。关闭全部网页 的快捷键是"Ctrl+Shift+W"。

● 执行"文件"→"关闭"命令，如图2-7所示，或者按下"Ctrl+W"组合键，都能关闭网页。

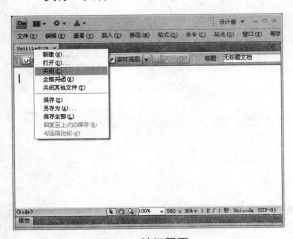

图2-6　关闭网页

图2-7　执行"关闭"命令

2.3　在网页中插入当前日期

在 Dreamweaver CS4 中可以插入日期，当文档保存时，又可以自动更新，具体操作步骤如下。

Step 1　将光标放置到要插入日期的位置。

Step 2　执行"插入"→"日期"命令，或者单击"插入"面板上的"日期"按钮，便可打开"插入日期"对话框，如图 2-8 所示，可从中选择日期格式。

Step 3　单击　确定　按钮后，网页上将显示插入的日期，如图 2-9 所示。

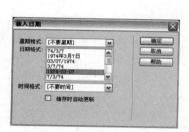

图 2-8　"插入日期"对话框

图 2-9　插入日期

2.4　插入水平线

水平线可以使信息看起来更清晰，在页面上，可以使用一条或多条水平线以可视方式分隔文本和对象。

将光标放到要插入水平线的位置，然后将"插入"面板切换到"常用"面板，单击 按钮，或者执行"插入"→"HTML"→"水平线"命令，便会在文档窗口中直接插入一条水平线，如图 2-10 所示。

通过水平线的"属性"面板可以设置水平线的高度、宽度及对齐方式。选定水平线，"属性"面板如图 2-11 所示，可以在其中修改水平线的属性。

- 水平线：在文本框中输入水平线的名称。
- 宽、高：以像素为单位或以页面尺寸百分比的形式指定水平线的宽度和高度。
- 对齐：指定水平线的对齐方式，包括"默认"、"左对齐"、"居中对齐"和"右对齐" 4 个选项。只有当水平线的宽度小于浏览器窗口的宽度时，该设置才适用。
- 阴影：指定绘制水平线时是否带阴影。取消选择此复选框将使用纯色绘制水平线。

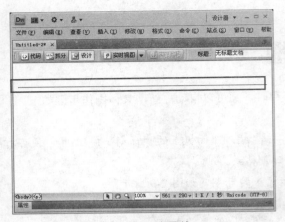

图 2-10　插入水平线　　　　　　　　图 2-11　水平线"属性"面板

▌2.5▌ 应用实践

2.5.1　任务1——在网页中制作彩色水平线

任务要求

在网页中插入水平线，并且水平线的颜色不是默认的黑色，而是鲜艳的彩色。

任务分析

水平线用于分隔网页中的不同内容，网页中的水平线就好像是将网页划分成几个不同的页面。在 Dreamweaver CS4 中插入水平线时，水平线的默认颜色是黑色，无法直接插入其他颜色的水平线，这样就会出现插入的水平线与整个网页颜色不协调的情况。如果需要其他颜色的水平线，就需要在插入水平线后再进行设置。

任务设计

在水平线"属性"面板中并没有提供关于水平线颜色的设置，如果要设置水平线的颜色，可以在"属性"面板中单击 ✎ 按钮，打开快速标签编辑器进行设置。完成后的效果如图 2-12 所示。

完成任务

水平线 →

图 2-12　制作彩色水平线完成效果

Step 1　放置光标。将光标放置于网页中两幅图像的中间，如图 2-13 所示。

Step 2　插入水平线。执行"插入"→"HTML"→"水平线"命令，在光标的位置处插入一条水平线。

Step 3　设置水平线属性。选中刚插入的水平线，如图 2-14 所示，在"属性"面板上的"宽"、"高"文本框中分别输入水平线的宽度与高度，这里输入"788"与"8"；在"对齐"下拉列表中选择水平线的对齐方式，这里选择"居中对齐"。

图 2-13　放置光标

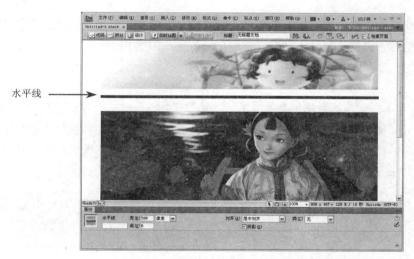

图 2-14　设置水平线属性

Step 4　输入代码。在"属性"面板中单击 ⬚ 按钮，打开快速标签编辑器。在快速标签编辑器中对其参数进行 "<hr color="# xxxxxx" />" 设置就可以改变水平线的颜色，其中 "#xxxxxx" 是颜色的色标值。例如，本例就在快速标签编辑器中输入 "hr color=" #97C950 ""，如图 2-15 所示，表示插入绿色的水平线。

图 2-15　快速标签编辑器

Step 5　浏览网页。执行"文件"→"保存"命令，将文件保存，然后按"F12"键浏览网页，效果即如图 2-12 所示。

归纳总结

本例讲述了 Dreamweaver CS4 中制作水平线的操作，不能直接更改水平线的颜色，要在 "属性" 面板上的快速标签编辑器中进行设置。需要注意的是，在快速标签编辑器中设置水平线颜色时，需要什么颜色，就在 "<hr color="# xxxxxx" />" 中，将 "#xxxxxx" 改成所需要颜色的色标值，而且插入的水平线颜色要与整个网页颜色相协调。

2.5.2 任务 2——利用水平线制作多彩表格

任务要求

在网页中制作一个由各种颜色水平线组成的表格。

任务分析

在网页中插入表格是很方便的事情，但是现在还没学过表格插入的方法，要制作表格就只有使用水平线了。利用水平线制作多彩表格，要将每一条水平线都设置为不同的颜色。

任务设计

本例是利用水平线来制作多彩表格，每条水平线的宽度与高度都必须相同，然后再设置水平线的颜色，最后在水平线的右方强制换行输入文字。完成后的效果如图 2-16 所示。

完成任务

Step 1 插入与设置水平线。新建一个网页文件，执行 "插入" → "HTML" → "水平线" 命令，插入一条水平线。选中刚插入的水平线，在 "属性" 面板上的 "宽"、"高" 文本框中分别输入水平线的宽度与高度，这里输入 "400" 与 "3"，在 "对齐" 下拉列表中选择水平线的对齐方式，这里选择 "居中对齐"，如图 2-17 所示。

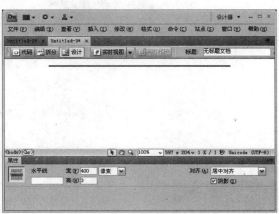

图 2-16　完成效果

图 2-17　插入与设置水平线

Step 2　再插入两条水平线。将光标放置于插入的水平线右方，执行两次"插入"→"HTML"→"水平线"命令，再插入两条宽度和高度分别为"400"与"3"的水平线。

Step 3　设置第 1 条水平线的颜色。选择第 1 条水平线，在"属性"面板中单击 🖎 按钮，打开快速标签编辑器。在快速标签编辑器中输入"hr color=" #FF0000 ""，如图 2-18 所示，表示插入红色的水平线。

Step 4　设置第 2 条水平线的颜色。选择第 2 条水平线，在"属性"面板中单击 🖎 按钮，打开快速标签编辑器。在快速标签编辑器中输入"hr color=" #FFCC00 ""，如图 2-19 所示，表示插入黄色的水平线。

编辑标签:	`<hr align="center" width="400" size="3" hr color="#FF0000"/>`

图 2-18　设置第 1 条水平线的颜色

编辑标签:	`<hr align="center" width="400" size="3" hr color="#FFCC00"/>`

图 2-19　设置第 2 条水平线的颜色

Step 5　设置第 3 条水平线的颜色。选择第 3 条水平线，在"属性"面板中单击 🖎 按钮，打开快速标签编辑器。在快速标签编辑器中输入"hr color=" #66CC00""，如图 2-20 所示，表示插入绿色的水平线。

编辑标签:	`<hr align="center" width="400" size="3" hr color="#66CC00"/>`

图 2-20　设置第 3 条水平线的颜色

Step 6　输入第 1 行文字。将光标放置于第 1 条水平线的右方，按"Shift+Enter"组合键强制换行，然后输入文字，如图 2-21 所示。

Step 7　输入第 2 行文字。将光标放置于第 2 条水平线的右方，按"Shift+Enter"组合键强制换行，然后输入文字，如图 2-22 所示。

图 2-21　输入第 1 行文字

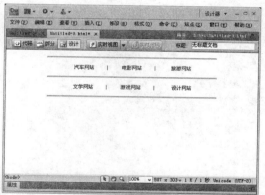

图 2-22　输入第 2 行文字

Step 8　浏览网页。执行"文件"→"保存"命令，将文件保存，然后按"F12"键浏览网页，效果如图 2-16 所示。

归纳总结

本例是利用水平线制作多彩表格，在制作过程中要输入文字必须要强制换行。需要注意的是，制

作时是看不到设置水平线颜色后的效果的，要看水平线颜色是否合适，就要按"F12"键预览来进行查看。

▌2.6▐ 知识链接

标尺和网格是用来在文档窗口的"设计"视图中对元素进行绘制、定位或调整大小的可视化向导。

标尺可以显示在页面的左边框和上边框中，以像素、英寸或厘米为单位来标记。网格可以让页面元素在移动时自动靠齐到网格，还可以通过指定网格设置更改网格或控制靠齐行为。无论网格是否可见，都可以使用靠齐。

2.6.1　使用标尺

标尺显示在文档窗口中页面的左方和上方，它的单位有像素、英尺、厘米 3 种。默认情况下标尺使用的单位是像素。

使用标尺的操作步骤如下。

Step 1　执行"查看" → "标尺" → "显示"命令，文档窗口中将会显示出标尺，如图 2-23 所示。

Step 2　执行"查看" → "标尺" → "英寸"命令，可以将标尺的单位换成英寸，如图 2-24 所示。

图 2-23　显示标尺　　　　　　　　　　图 2-24　将标尺的单位换为英寸

Step 3　如果不再需要使用标尺，则执行"查看" → "标尺"命令，在弹出的快捷菜单中单击"显示"项前面的"√"符号，如图 2-25 所示，将不再显示标尺。

图 2-25　快捷菜单

2.6.2　使用网格

使用网格会使进行页面布局更加方便，使用网格的操作步骤如下。

Step 1　执行"查看"→"网格设置"→"显示网格"命令，文档窗口中将会显示出网格，如图 2-26 所示。

Step 2　执行"查看"→"网格设置"→"网格设置"命令，打开如图 2-27 所示的对话框。

图 2-26　显示网格

图 2-27　"网格设置"对话框

Step 3　单击"颜色"框右下角的小三角图标，在弹出的调色板上选择红色。

Step 4　选中"显示网格"，使网格在"设计"视图中可见。

Step 5　在"间隔"文本框中输入数字 30 并从右侧的下拉列表中选择"像素"，使网格线之间的距离为 30 像素。

Step 6 在"显示"区域中选择"线"单选项。设置完成后单击 | 确定 | 按钮。网格显示如图 2-28 所示。

图 2-28 设置后的网格

 提示：如果未选择"显示网格"，将不会显示网格，并且看不到更改网格设置的效果。

Step 7 如果不再需要使用网格，可执行"查看"→"网格设置"命令，在弹出的快捷菜单中单击"显示网格"项前面的"√"符号，页面上将不再显示网格。

▌2.7▌ 自我检测

1. 填空题

（1）如果勾选功能选择界面左下角的_____复选框，则下一次启动 Dreamweaver CS4 时就会直接创建一个 HTML 空白文档。

（2）在 Dreamweaver CS4 中创建一个新页面的快捷键为_____，保存页面的快捷键为_____。

（3）执行_____命令，可以在网页中插入日期。

（4）将"插入"面板切换到_____面板，单击 ▦ 按钮可以插入水平线。

2. 判断题

（1）关闭全部网页的快捷键是"Ctrl+W"，关闭单个网页的快捷键是"Ctrl+Shift+W"。（　　）

（2）在 Dreamweaver CS4 中可以插入日期，当文档下次被打开时，自动更新为当前日期。（　　）

（3）在 Dreamweaver CS4 中不能直接插入彩色的水平线。（　　）

3. 上机题

（1）在 Dreamweaver CS4 中创建两个新页面，并将其全部关闭。

（2）在网页中插入日期，并在日期下方插入黄色的水平线，如图 2-29 所示。

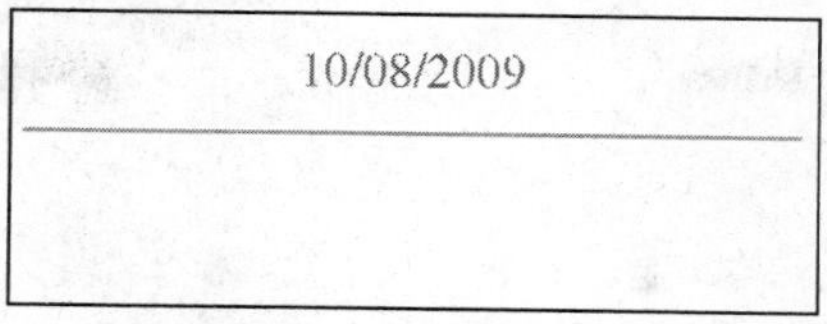

10/08/2009

图 2-29　插入日期与水平线

操作提示如下。

Step 1　新建一个网页文件，执行"插入"→"日期"命令，在网页中插入日期。

Step 2　将光标放置于日期右方，执行"插入"→"HTML"→"水平线"命令，插入一条水平线。

Step 3　在"属性"面板上设置水平线的宽度与高度，然后在快速标签编辑器中将水平线的颜色设置为黄色（#FFCC00）。

第 **3** 章
编辑网页文本

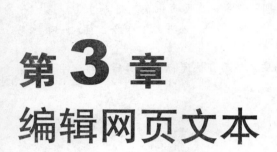

📖 **本章要点**

● 添加网页文本
● 项目列表与编号列表
● 制作并设置"公司简介"网页文本效果
● 使用列表排版"美容护肤"网页

　　网页中的文本是构成整个网页的灵魂。文本的基本编辑操作是制作网页所必须掌握的基本内容。本章就对这些基础的操作进行介绍，帮助读者对网页文本的编辑方法进行全面的掌握。

▌3.1▐ 添加网页文本

添加网页文本可以直接在文档窗口中输入文本内容，也可以调用外部应用程序中的文本。外部程序中的文本主要通过复制、导入的形式进行添加。

3.1.1　直接在网页窗口中输入文本

将光标放置到文档窗口中要插入文本的位置，即可直接输入文本，如图 3-1 所示。在输入文本时，如果需要分段换行则需按"Enter"键。Dreamweaver CS4 不允许输入多个连续的空格，需要先勾选"首选参数"中的"允许多个连续的空格"复选框，或者将输入法设为全角状态，才能输入多个连续的空格。

 提示：缩小行间距可使用快捷键"Shift+Enter"，将行间距变为分段行间距的一半。

如果要调整文本大小，可先输入文本，再选定文本，在"属性"面板上的"大小"下拉列表中选择合适的大小，如图 3-2 所示。

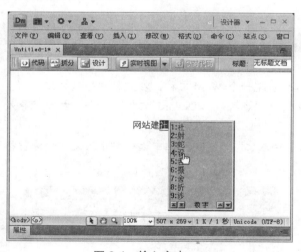

图 3-1　输入文本

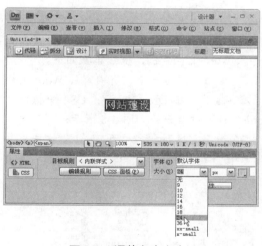

图 3-2　调整文本大小

如果需要改变文本字体，可先选定文本，在"属性"面板上"字体"下拉列表中选择字体样式，如图 3-3 所示。

3.1.2　复制粘贴外部文本

打开其他应用程序，复制文本后，在 Dreamweaver CS4 中将光标移到要插入文本的位置，然后执行"编辑"→"粘贴"命令，就能完成文本的插入。粘贴后的文本不保留在其他应用程序中的文本格式，但保留换行符。

提示：如果要应用其他程序中的段落、表格或加粗等格式时，可执行"编辑"→"选择性粘贴"命令，打开"选择性粘贴"对话框，如图3-4所示，在"粘贴为"栏中可选择需要粘贴的格式。

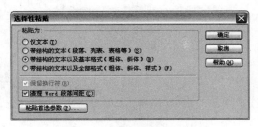

图 3-3　选择字体　　　　　　　　　　　　　图 3-4　"选择性粘贴"对话框

3.1.3　导入 Office 程序文本

在 Dreamweaver CS4 中可将 Word 或 Excel 文档的完整内容插入到网页中，导入方法相同。这里以导入 Word 文档为例，操作步骤如下。

Step 1　准备一个已有内容的 Word 文档，或者新建一个 Word 文档，在文档中输入内容。

Step 2　在 Dreamweaver CS4 中执行"文件"→"导入"→"Word 文档"命令，打开"导入Word 文档"对话框，如图 3-5 所示。

Step 3　找到要导入的 Word 文档并选中，在"格式化"下拉列表框中选择要导入文件的保留格式，如图 3-6 所示。

图 3-5　"导入 Word 文档"对话框　　　　　　图 3-6　选择保留的格式

各格式选项的含义如下。

- 仅文本：导入的文本为无格式文本，即文件在导入时所有格式将被删除。
- 带结构的文本：导入的文本保留段落、列表和表格结构格式，但不保留粗体、斜体和其他格式设置。
- 文本、结构、基本格式：导入的文本具有结构并带有简单的 HTML 格式，如段落和表格以及带有 b、i、u、strong、em、hr、abbr 或 acronym 标记的格式文本。
- 文本、结构、全部格式：导入的文本保留所有结构、HTML 格式设置和 CSS 样式。

> **提示：** 如果选择"带结构的文本"或"基本格式"项粘贴文本，可在"选择性粘贴"对话框中选中"清理 Word 段落间距"项，清除段落间的多余空格。

Step 4　单击 打开(O) 按钮即可将 Word 文档内容导入网页中。

3.1.4　在网页中添加空格

在 Dreamweaver CS4 中通过空格键来插入空格，无论敲多少次空格键都只显示一个空格，若要在文档中添加连续的多个空格可采用以下几种方法。

- 在"插入"选项卡中切换至"文本"面板，如图 3-7 所示。单击"已编排格式"按钮 PRE 后，再按空格键即可在文档中添加多个空格。
- 同样在"文本"面板中，单击 BRJ ▼ 按钮，会弹出如图 3-8 所示的下拉列表，连续单击"不换行空格"也可添加多个空格。
- 按住"Ctrl+Shift"组合键不放，再按空格键也可在文档中添加多个空格。
- 在中文输入法状态下，将半角符号转为全角，再按空格键，也可添加多个空格。
- 进入"代码"视图，在要输入空格的位置输入" "，一个" "代表一个空格。

图 3-7　文本选项卡

图 3-8　特殊符号下拉列表

3.2　项目列表与编号列表

在网页上插入文本列表可以使文本内容显得更加工整直观。Dreamweaver CS4 中有两种类型的列

表：项目列表和编号列表。

3.2.1 插入项目列表

插入项目列表的具体操作步骤如下。

Step 1 在文档中输入文本，然后用鼠标选定要插入项目列表的文本内容，如图 3-9 所示。

Step 2 将"插入"选项卡切换至"文本"面板，然后单击"项目列表"按钮 ul，如图 3-10 所示。或者在"属性"面板上单击项目列表 按钮。

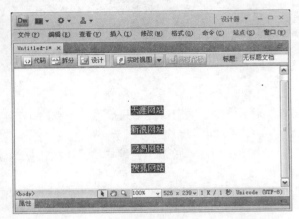

图 3-9　选定要插入项目列表的内容

图 3-10　单击"项目列表"按钮

Step 3 这样就能在选定的文本前面添加项目符号，如图 3-11 所示。

3.2.2 插入编号列表

利用编号列表可以对内容进行有序的排列。在文档窗口中选定要插入编号列表的内容，然后单击"文本"面板上的"编号列表"按钮 ol，或者在"属性"面板上单击编号列表 按钮，即可插入编号列表。插入编号列表后的效果如图 3-12 所示。

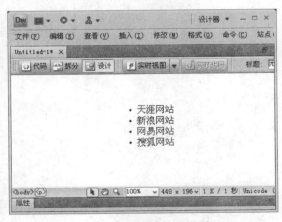

图 3-11　插入项目列表的效果

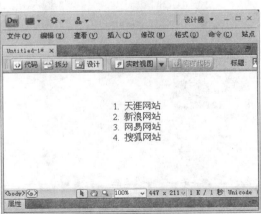

图 3-12　插入编号列表的效果

▌3.3▐ 应用实践

3.3.1　任务 1——制作并设置 "公司简介" 网页文本效果

任务要求

"好滋味" 系列食品的生产厂家久久香有限公司要求为其制作一个 "公司简介" 网页，要求浏览者通过网页能一目了然地了解公司信息。

任务分析

本任务是为久久香有限公司制作一个 "公司简介" 网页，既然是对公司的简介，就必须能让浏览者在这个页面全面了解公司的情况，而且页面不要复杂，以免引起浏览者的反感。"公司简介" 网页是公司对外的门面，页面要清爽，最好能突出公司的产品——食物。并且浏览者要可以在上面找到公司的联络方式，包括传统的电话号码、公司地址、邮编、传真号码及现在非常流行的电子邮箱，联络方式不要挤在一起，要让浏览者也就是潜在客户能轻松地找到适合自己的联系方式。

任务设计

制作一个 "公司简介" 网页，首先要让久久香有限公司提供一份公司的资料，然后在 Dreamweaver 中输入这份资料，再通过文本与页面的设置来完成设计，完成后的效果如图 3-13 所示。

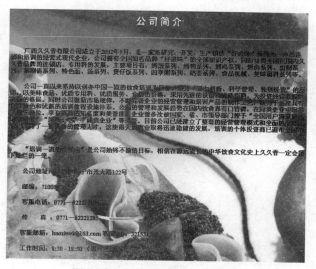

图 3-13　"公司简介" 完成效果

完成任务

Step 1　设置页面属性。在 Dreamweaver CS4 中新建一个网页文件，按 "Ctrl+J" 组合键，打开

"页面属性"对话框，单击"背景图像"文本框右侧的 [浏览(W)...] 按钮，打开"选择图像源文件"对话框，在对话框中选择一幅图像，如图 3-14 所示，完成后单击 [确定] 按钮，添加路径到"背景图像"文本框中。然后在"上边距"文本框中输入"30"，如图 3-15 所示。完成后单击 [确定] 按钮。

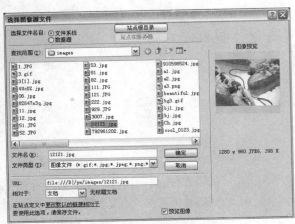

图 3-14　选择背景图像

图 3-15　"页面属性"对话框

Step 2　输入标题文本。在文档中输入文本"公司简介"，并选中文本，在"属性"面板中将其字体设置为"微软简粗黑"，大小为"22"，文本颜色为白色，如图 3-16 所示。

Step 3　插入水平线。执行"插入"→"HTML"→"水平线"命令，在文字下方插入一条水平线。选中水平线，在"属性"面板上将其宽度设置为"650"，对齐方式为"居中对齐"，如图 3-17 所示。

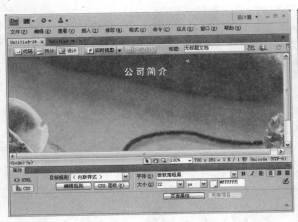

图 3-16　输入标题文本

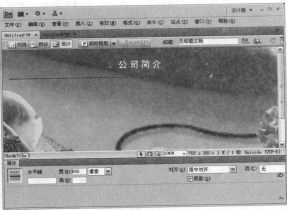

图 3-17　插入水平线

Step 4　输入简介文本。将光标放置于水平线后，按"Enter"键换行，然后按 8 次空格键，在文档中输入如图 3-18 所示的文本，并在"属性"面板上将文本大小设置为 14，颜色设置为黑色，然后单击加粗按钮 **B**，将文本加粗显示。

Step 5　输入其余简介文本。按照同样的方法再输入两段文本，并在"属性"面板上将文本大小设置为 14，颜色设置为黑色，然后单击加粗按钮 **B**，将文本加粗显示，如图 3-19 所示。

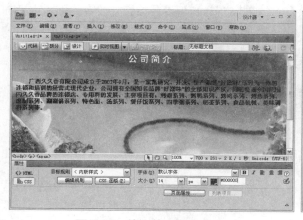

图 3-18　输入简介文本

图 3-19　输入其余简介文本

Step 6　输入公司地址。将光标放置于上段文字之后，按"Enter"键换行，然后按 8 次空格键，在文档中输入久久香公司的地址，并在"属性"面板上将文本大小设置为 14，颜色设置为紫红色（#330000），然后单击加粗按钮 **B**，将文本加粗显示，如图 3-20 所示。

Step 7　输入公司联系方式。按照同样的方法再输入邮编、客服电话、传真、客服邮箱、工作时间等，并在"属性"面板上将文本大小设置为 14，颜色设置为紫红色（#330000），然后单击加粗按钮 **B**，将文本加粗显示，如图 3-21 所示。

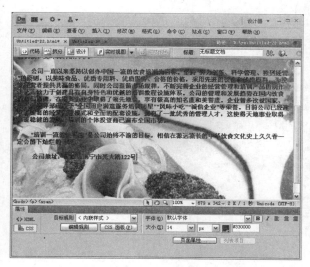

图 3-20　输入公司地址

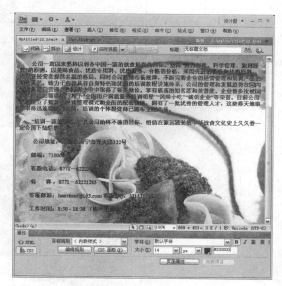

图 3-21　输入公司联系方式

Step 8　浏览网页。执行"文件"→"保存"命令，将文件保存，然后按"F12"键浏览网页，效果如图 3-13 所示。

归纳总结

本例讲述了在 Dreamweaver CS4 中制作并设置"公司简介"网页文本的过程，使用了水平线来分

割文本，然后为文本设置不同的属性效果。如果换行时觉得按"Enter"键分段使各段内容间隔太宽的话，可以使用快捷键"Shift+Enter"，将行间距变为分段行间距的一半。

3.3.2　任务2——使用列表排版"美容护肤"网页

任务要求

丽颜化妆品公司要求制作一个美容护肤答疑网页。

任务分析

美容护肤答疑网页就是要回答使用者使用丽颜化妆品的疑问，网页中将解答多个疑问与使用过程中的难题，方便使用者访问网页进行查询。网页排版要紧凑与清晰，让使用者能很快找到自己所需要的答案。

任务设计

本例首先在网页文档中插入图像并输入文本，然后为文本设置下划线，最后综合使用项目列表与编号列表来制作。完成后的效果如图 3-22 所示。

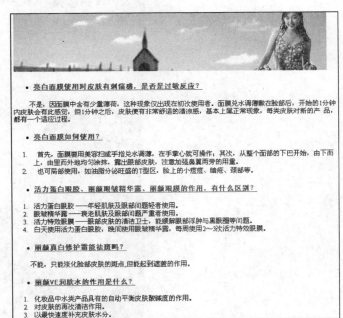

图 3-22　完成效果

完成任务

Step 1　插入图像。新建一个网页文件，执行"插入"→"图像"命令，打开"选择图像源文件"对话框，在对话框中选择一幅图像，如图 3-23 所示，完成后单击　确定　按钮，在网页中插入一幅图像，如图 3-24 所示。

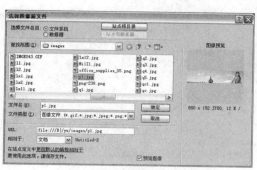

图 3-23　选择图像

图 3-24　插入图像

Step 2　输入问题。将光标放置于图像之后，按"Enter"键换行，在文档中输入文本，并在"属性"面板上将文本大小设置为 15，字体设置为黑体，颜色设置为绿色（#669900），然后单击加粗按钮**B**，将文本加粗显示，如图 3-25 所示。

Step 3　添加下划线。选中输入的文本，单击鼠标右键，在弹出的快捷菜单中选择"样式"→"下划线"命令，如图 3-26 所示。这样就为选中的文本添加了下划线。

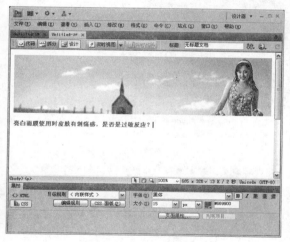

图 3-25　输入文本

图 3-26　添加下划线

Step 4　输入其余问题并进行设置。在文字后按"Enter"键换行，在文档中输入其余问题，并在"属性"面板上将文本大小设置为 15，字体设置为黑体，颜色设置为绿色（#669900），然后单击加粗按钮**B**，最后为文本添加下划线，效果如图 3-27 所示。

Step 5　添加项目列表。选中所有输入的文本，将"插入"面板切换至"文本"面板，然后单击"项目列表"按钮 ul，为文本添加项目列表，如图 3-28 所示。

Step 6　输入解答。将光标放置于第 1 个项目列表之后，按"Enter"键换行，然后按 8 次空格键，在文档中输入文本，并在"属性"面板上将文本大小设置为 14，颜色设置为黑色，如图 3-29 所示。

Step 7 输入第 2 个问题的解答。将光标放置于第 2 个项目列表之后，按 "Enter" 键换行，然后按 8 次空格键，在文档中输入文本，并在 "属性" 面板上将文本大小设置为 14，颜色设置为黑色，如图 3-30 所示。

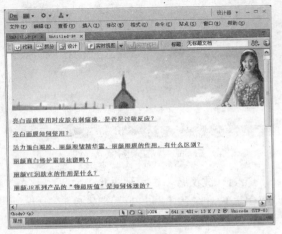

图 3-27　输入其余问题

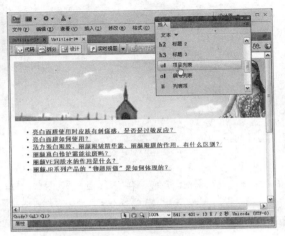

图 3-28　添加项目列表

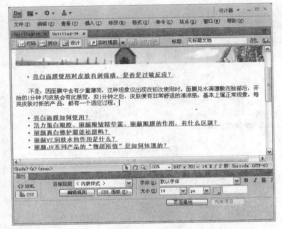

图 3-29　输入解答

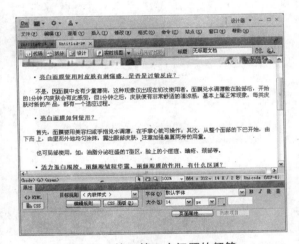

图 3-30　输入第 2 个问题的解答

Step 8 添加编号列表。选中刚输入的文本，将 "插入" 面板切换至 "文本" 面板，然后单击 "编号列表" 按钮 ，为文本添加编号列表，如图 3-31 所示。

Step 9 输入第 3 个问题的解答并添加编号列表。将光标放置于第 3 个项目列表之后，按 "Enter" 键换行，然后按 8 次空格键，在文档中输入文本，并在 "属性" 面板上将文本大小设置为 14，颜色设置为黑色，并为文本添加编号列表，如图 3-32 所示。

Step 10 输入其余解答并添加编号列表。分别在剩余的 3 个项目列表下方输入文本，然后为第 5 个项目列表与第 6 个项目列表下方的文本添加编号列表，如图 3-33 所示。

Step 11 浏览网页。执行 "文件" → "保存" 命令，将文件保存，然后按 "F12" 键浏览网页，效果如图 3-22 所示。

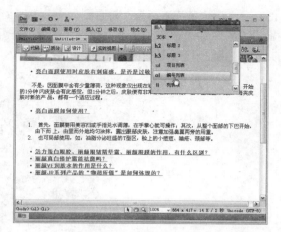

图 3-31　添加编号列表

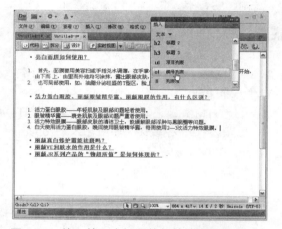

图 3-32　输入第 3 个问题的解答并添加编号列表

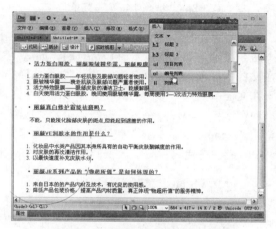

图 3-33　输入其余解答并添加编号列表

归纳总结

本例讲述了排版"美容护肤"网页的操作方法，在制作时一定要记住一个原则，即文本的字体种类不要用得太多。系统初装时存在的字体，每个浏览者都有，因此在设置时一般选取这些字体就可以了。如果不选择系统字体，而浏览者没有安装该字体，就可能会造成浏览者看到的效果与设计的效果有差别。

▌3.4▌ 知识链接

3.4.1　插入特殊符号

在网页中常常会用到一些特殊符号，如注册符"®"、版权符"©"、商标符"™"等，这些特殊符号是不能直接通过键盘输入到 Dreamweaver 中的。

执行"插入"→"HTML"→"特殊字符"命令，将看到如图 3-34 所示的子菜单，在其中选择与要插入的特殊符号相对应的命令即可。如果在该子菜单不能找到需要的符号，可以选择"其他字符"命令，打开如图 3-35 所示的"插入其他字符"对话框，在其中选择要插入的字符后单击 确定 按钮即可。

图 3-34 "特殊字符"子菜单　　　　　图 3-35 "插入其他字符"对话框

需要注意的是，在图 3-34 所示的子菜单中，上面两个命令分别用于插入换行符和不换行空格。这两个命令在录入和编辑文本时非常有用。如按"Shift+Return（Enter）"组合键插入一个换行符，相当于在文档中插入一个"
"标记；按"Ctrl+Shift+Space（空格）"组合键插入一个不换行空格，相当于在文档中插入一个" "标记，即在文档中产生一个空格。

和空格标记类似，每种特殊符号也都对应着一个固定的 HTML 标记，如版权符"©"的 HTML 标记为"©"，商标符"™"的 HTML 标记为"™"。例如，在设计视图中输入"Copyright © 2008-2009"，在代码视图中产生的代码为"Copyright © 2008-2009"。

3.4.2　添加/删除字体列表

制作网页时可以在字体列表中选择需要的字体，但字体列表中的字体种类有限，因此可根据网页设计的需要设计字体组，添加字体组的操作如下。

Step 1　单击"属性"面板上的 页面属性... 按钮，打开"页面属性"对话框，如图 3-36 所示。

Step 2　在"页面字体"下拉列表中选择"编辑字体列表"选项，打开"编辑字体列表"对话框，如图 3-37 所示。

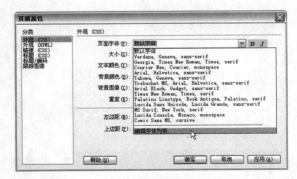

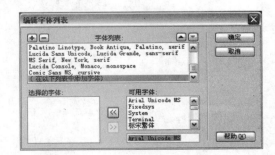

图 3-36 "页面属性"对话框　　　　　图 3-37 "编辑字体列表"对话框

Step 3　在"可用字体"列表框中选择需要的字体，单击 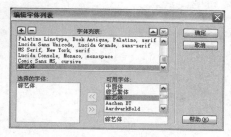 按钮导入"选择的字体"框中，如图 3-38 所示。单击 确定 按钮，此时，"页面字体"下拉列表中已包括添加的新字体。

Step 4　如果不需要某一种字体，可以选中该字体，字体就显示在"选择的字体"列表中，在"选择的字体"列表中选中要删除的字体，单击 按钮，再单击 确定 按钮即可。

图 3-38　选择字体

▌3.5▌ 自我检测

1．选择题

（1）缩小行间距可使用快捷键（　　），将行间距变为分段行间距的一半。

　　A．Shift+Enter　　　B．Enter　　　C．Shift　　　D．Ctrl+Enter

（2）复制文本后执行（　）菜单中的命令可以粘贴文本。

　　A．插入　　　B．编辑　　　C．修改　　　D．格式

（3）单击"文本"面板上的（　　）按钮，可以在网页文档中插入编号列表。

　　A． ul 　　　B． dl 　　　C． li 　　　D． ol

2．判断题

（1）在 Dreamweaver CS4 中可将 Word 或 Excel 文档的完整内容插入到网页中。（　　）

（2）在"文本"面板中单击 BRJ 按钮，在弹出的下拉列表中连续单击"不换行空格"按钮可以添加多个空格。（　　）

（3）Dreamweaver CS4 中有两种类型的列表：项目列表和数字列表。（　　）

3．上机题

请应用本章学习的知识完成如图 3-39 所示的文本网页制作。

图 3-39　文本网页效果

操作提示如下。

Step 1　新建一个网页文件，然后在网页中输入文本。

Step 2　为各个段落的文本设置不同的颜色与大小即可。

第 4 章
创建与管理站点

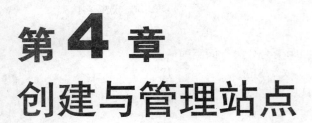 本章导读

● 站点的规划
● 认识站点面板
● 创建我的第一个网站
● 管理网页文档

　　站点就是放置网站上所有文件的地方，每个网站都有自己的站点。合理地规划站点，可以使网站结构更清晰，维护起来更方便。本章主要向读者介绍了创建站点的方法，希望读者通过对本章内容的学习，能够了解站点的规划原则、掌握站点的创建方法。

▊4.1▊ 站点的规划

在 Dreamweaver CS4 中，站点包括远程站点和本地站点。简单地说，就是位于 Internet 服务器上的远程站点和位于本地计算机上的本地站点。一般都应该先在本地计算机上构建本地站点，创建合理有序的站点结构，使站点中的文档管理起来更轻松。当一切都准备好了，就可以将站点上传到 Internet 服务器上去一展自己的风采。

一般来说，在规划站点结构时，应该遵循以下一些规则。

1. 文档分类保存

如果是一个复杂的站点，它包含的文件会很多，而且各类型的文件内容也会不尽相同。为了能更合理地管理文件，就要将文件分门别类地存放在相应的文件夹中。如果将所有网页文件都存放在一个文件夹中，当站点的规模越来越大时，管理起来就会很不容易。

用文件夹来合理构建文档的结构时，应该先为站点在本地磁盘上创建一个根文件夹。在此文件夹中，再分别创建多个子文件夹，如网页文件夹、媒体文件夹、图像文件夹等。再将相应的文件放在相应的文件夹中。而站点中的一些特殊文件，如模板、库等最好存放在系统默认创建的文件夹中。

2. 合理地命名文件

为了方便管理，文件夹和文件的名称最好要有具体的含义。这点非常重要，特别是在网站的规模变得很大时，文件名容易理解的话，人们一看就明白网页描述的内容。否则，随着站点中文件的增多，不易理解的文件名会影响工作的效率。

还有，应该尽量避免使用中文文件名，因为很多的 Internet 服务器使用的是英文操作系统，不能对中文文件名提供很好的支持，此时可以使用汉语拼音。

3. 本地站点与远程站点结构统一

为了方便维护和管理，在设置本地站点时，应该将本地站点与远程站点的结构设计保持一致。将本地站点上的文件上传到服务器上时，可以保证本地站点是远程站点的完整复制，以避免出错，也便于对远程站点的调试与管理。

▊4.2▊ 认识站点面板

站点面板即"文件"面板，包含在"文件"面板组中，默认情况下位于浮动面板停靠区，如果该区域无文件面板，可执行"窗口"→"文件"命令（或按"F8"键）即可将其打开，站点面板结构如图 4-1 所示。

站点面板各项的含义如下。

- xy：在该下拉列表中可以选择已建立的站点，如图 4-2 所示。
- 本地视图：在该下拉列表中可以选择站点视图的类型，包括本地视图、远程视图、测试服务器和存储库视图 4 种类型，如图 4-3 所示。

图 4-1 站点面板结构

图 4-2 站点列表

- ：连接到远端站点或断开与远端站点的连接。
- ：用于刷新本地与远程站点的目录列表。
- ：将文件从远程站点或测试服务器复制到本地站点。
- ：将文件从本地站点复制到远程站点或测试服务器。
- ：将远端服务器中的文件下载到本地站点。此时该文件在服务器上的标记为取出。
- ：将本地文件传输到远端服务器上，并且可供他人编辑，而本地文件为只读属性。
- ：可以同步本地和远程文件夹之间的文件。
- ：扩展文件面板为双视图，如图 4-4 所示。

图 4-3 站点视图类型列表

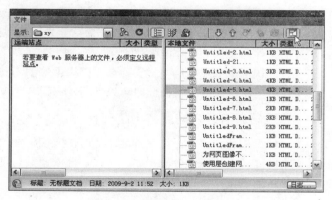

图 4-4 展开的站点面板

4.3 应用实践

4.3.1 任务 1——创建我的第一个网站

任务要求

在 Dreamweaver CS4 中创建一个名为"firstweb"的网站，以便进行以后的网页操作。

任务分析

在制作网站之前必须创建一个站点，所有的文件夹、资源和特定的文件都包含在站点中。因此，首先在硬盘上建立一个新文件夹作为本地根文件夹，另外还要再创建一个文件夹，用来存放网站中用到的图像与媒体文件。

任务设计

首先在 D 盘根目录下创建一个名为"wangzhan"的文件夹，在"wangzhan"文件夹里再创建一个名为"images"的文件夹，用来存放网站中用到的图像文件。然后在 Dreamweaver 中执行"站点"菜单中的命令，在打开的"站点定义为"对话框中进行操作。建立好的站点会在"文件"面板中显示出来，如图 4-5 所示。

完成任务

Step 1　输入站点的名字。启动 Dreamweaver CS4，执行"站点"→"新建站点"命令，弹出"未命名站点的站点定义为"对话框后，在"您打算为您的站点起什么名字？"文本框中输入名字，如"firstweb"，如图 4-6 所示，然后单击 下一步(N) > 按钮。

图 4-5　建立站点

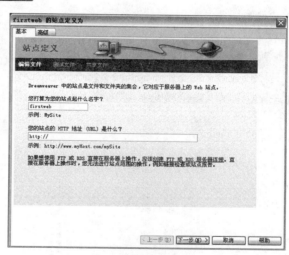

图 4-6　站点命名

　提示：在"您的站点的 HTTP 地址（URL）是什么？"文本框中应输入站点的 HTTP 地址，由于站点尚未建立与上传，因此不必输入。

Step 2　选择是否使用服务器技术。在出现的"firstweb 的站点定义为"对话框中选择是否使用服务器技术，根据自己的情况选择选项，如图 4-7 所示，然后单击 下一步(N) > 按钮。

Step 3　选择路径。在出现的对话框中选择推荐的"编辑我的计算机上的本地副本，完成后再上传到服务器（推荐）"单选项，然后在下面的"文件存储位置"文本框中输入刚才在 D 盘创建好的 wangzhan 文件夹的路径，如图 4-8 所示。也可以单击后面的文件夹图标 ，进行浏览选择，完成之后，单击 下一步(N) > 按钮。

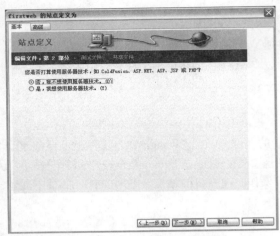

图 4-7　选择是否使用服务器技术

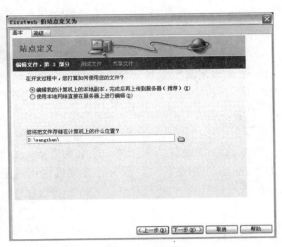

图 4-8　选择路径

Step 4　选择存放文件的位置。出现如图 4-9 所示的对话框后，在该对话框中选择将站点文件保存在服务器上的什么位置，然后单击 下一步(N) > 按钮。

Step 5　选择是否启用"存回"和"取出"文件命令。出现如图 4-10 所示的对话框后，保持默认选项，在对话框中单击 下一步(N) > 按钮。

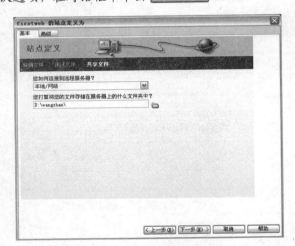

图 4-9　选择存放到服务器的位置

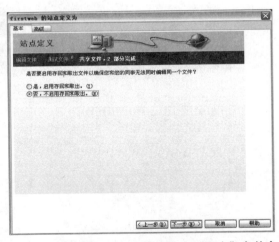

图 4-10　选择是否启用"存回"和"取出"文件命令

Step 6　查看站点的信息。完成上述设置后，将出现如图 4-11 所示的对话框，该对话框显示了前面设置站点的信息。

Step 7　选择"本地信息"选项。单击上方的"高级"选项卡，并在出现的对话框中选择"分类"列表下的"本地信息"选项，如图 4-12 所示。

Step 8　选择图像文件夹。在"默认图像文件夹"文本框中输入当前站点存放本地图片目录的路径。也可单击右侧的文件夹按钮  进行浏览选择。选择好后如图 4-13 所示。

Step 9　查看站点列表。完成所有设置后，单击 确定 按钮，完成本地站点的建立。这时在"文件"面板的下拉列表中将出现建立好的站点列表，如图 4-14 所示。

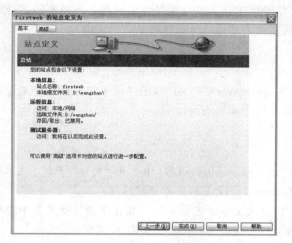

图 4-11　设置的站点信息

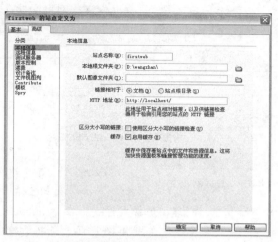

图 4-12　"高级"选项卡中的"本地信息"选项

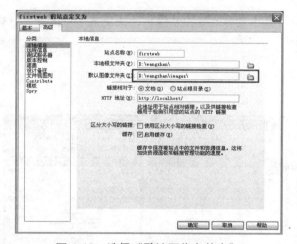

图 4-13　选择"默认图像文件夹"

图 4-14　新建的站点

归纳总结

本例的站点创建方式适用于初学者。注意站点名称必须是英文字母构成，用拼音来命名也可以，但是如果用汉字命名的话，有可能发生创建的网页不能正确显示的情况。

4.3.2　任务 2——管理网页文档

任务要求

对创建的"firstweb"网站进行管理。

任务分析

每个站点都有自己的文件及分类文件夹，在建立站点后，一般需要在站点中创建图像文件夹、数

图 4-15　管理网页文档

据文件夹、网页文件夹、Flash 文件夹，如果是音乐网站，还需要创建音乐文件夹。总之，站点中的文件夹是为了分类管理站点中的内容而建立的。

任务设计

本例主要是通过在 Dreamweaver CS4 的"文件"面板中进行操作来管理网页文档的。完成后的效果如图 4-15 所示。

完成任务

Step 1　选择站点。在 Dreamweaver CS4 中打开"文件"面板，在"站点"下拉列表中选择"firstweb"，设该站点为当前站点。

Step 2　新建图像源文件夹。在"firstweb"根目录上单击鼠标右键，在弹出的快捷菜单中选择"新建文件夹"命令，如图 4-16 所示。并将新建的文件夹更名为"org"，如图 4-17 所示。

Step 3　新建其他文件夹。按照同样的方法，分别新建 Flash 文件夹（flash），内页文件夹（Web），如图 4-18 所示。

Step 4　新建主页，在"firstweb"根目录上，单击鼠标右键，在弹出的快捷菜单中选择"新建文件"命令，然后将文件更名为"index.html"，如图 4-19 所示。

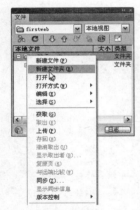

图 4-16　新建文件夹

图 4-17　重命名文件夹

图 4-18　新建其他文件夹

图 4-19　新建主页

Step 5　新建其他网页文件。按照同样的方法，新建两个网页文件，并分别更名为"index1.html"与"index2.html"，如图 4-20 所示。

Step 6　删除文件。选中"index2.html"，单击鼠标右键，在弹出的快捷菜单中选择"编辑"→"删除"命令，如图 4-21 所示，即可将该文件从站点中删除。

归纳总结

通过本例的制作，读者应熟练掌握网页文档的管理方法。在创建站点的过程中，要合理安排站点中的各个文件夹与文件，文件夹和文件的名称最好要有具体的含义。这点非常重要，特别是在网站的规模变得很大时，文件名容易理解的话，人们一看就明白网页描述的内容。否则，随着站点中文件的增多，不易理解的文件名会影响工作的效率。

图 4-20 新建其他网页文件

图 4-21 删除文件

▌4.4▐ 知识链接

4.4.1 远程站点

要在互联网上看到自己在本地站点上创建的网页，必须将本地站点上传到远程服务器上，所以需要建立远程站点。如果用户想修改远程站点的内容，可以通过 Dreamweaver CS4 中的站点 FTP 设置更新远程服务器的文件。要建立远程站点，首先要建立一个本地站点，然后用建立的本地站点的信息设置一个远程站点。

Step 1 执行"站点"→"管理站点"命令，在弹出的"管理站点"对话框中选择 4.3 节中建立的本地站点"firstweb"，如图 4-22 所示。完成后单击 编辑(E)... 按钮。

Step 2 弹出"firstweb 的站点定义为"对话框后，在对话框中的"高级"选项卡的"分类"列表下选择"远程信息"选项，如图 4-23 所示。

图 4-22 "管理站点"对话框

Step 3 单击"访问"框右侧的下拉按钮，打开下拉列表，选择"FTP"选项，如图 4-24 所示。

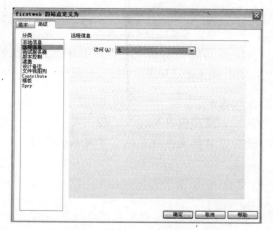

图 4-23 选择"远程信息"选项

图 4-24 选择"FTP"选项

Step 4 在"FTP 主机"文本框里输入 FTP 主机地址。FTP 主机是计算机系统的完整 Internet 名称，如ftp.site.net。需要注意的是，这里一定要输入有权访问的空间的域名地址。

Step 5 在"主机目录"文本框中输入远程网站存放的路径，通常情况下可以不填写此项，当前网站内容会存放到网站根目录下。

Step 6 在"登录"文本框中输入登录到服务器的用户名。

Step 7 在"密码"文本框中输入连接 FTP 服务器的密码。

Step 8 其他选项保持默认设置，具体设置如图 4-25 所示。完成设置后，单击 确定 按钮，完成远程站点的设置。

4.4.2 站点的基本编辑操作

如果我们对创建的站点有什么不满意的地方，可以随时对它进行编辑操作。

1. 编辑站点

如果需要对已创建好的站点进行修改，如修改站点名称、更改站点的位置等，可使用 Dreamweaver CS4 的编辑站点功能。编辑站点的具体操作步骤如下。

Step 1 执行"站点"→"管理站点"命令，在弹出的对话框中选择 4.3 节中建立的站点"firstweb"，单击 编辑(E)... 按钮，在弹出的"firstweb 的站点定义为"对话框中，选择"高级"选项卡，如图 4-26 所示。

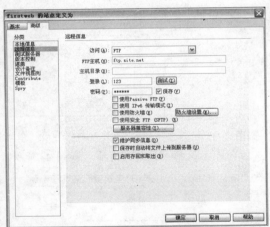

图 4-25 远程站点设置　　　　　　　　图 4-26 选择"高级"选项卡

Step 2 在"站点名称"文本框中可重新定义站点的名称。

Step 3 在"本地根文件夹"文本框中可更改站点在本地磁盘中的存放路径。

Step 4 在"默认图像文件夹"文本框中可重新设置当前站点存放本地图片目录的路径。

Step 5 设置完成后，单击 确定 按钮。

2. 复制站点

在 Dreamweaver CS4 中，如果需要将同一个站点复制成两个或更多，可以直接选择复制站点命令，而不必再麻烦去重新建立一个站点。

复制站点的具体操作步骤如下。

Step 1 执行"站点"→"管理站点"命令，打开"管理站点"对话框。

Step 2 单击 复制(P)... 按钮，即可复制一个站点，复制的站点会在原名称的后面加上"复制"二字，如图 4-27 所示。

Step 3 单击 完成(D) 按钮，这样就复制了一个站点。在"文件"面板下如图 4-28 所示。

3. 删除站点

如果我们觉得站点已经没有用了，可以将其删除，具体步骤如下。

Step 1 执行"站点"→"管理站点"命令，弹出"管理站点"对话框。

Step 2 选择要删除的站点，然后单击 删除(R) 按钮，如图 4-29 所示。

图 4-27　复制站点

图 4-28　复制的站点

图 4-29　删除站点

Step 3 单击 完成(D) 按钮，这样站点就被删除了。

4. 导出站点

导出站点的操作步骤如下。

Step 1 执行"站点"→"管理站点"命令，在弹出的"管理站点"对话框中选中需要导出的站点。

Step 2 单击 导出(E)... 按钮，弹出"导出站点"对话框，在"文件名"文本框中为导出的站点文件输入一个文件名，如图 4-30 所示。完成后单击 保存(S) 按钮，导出站点文件。

图 4-30　输入文件名

▌4.5▌ 自我检测

1. 填空题

（1）在 Dreamweaver CS4 中，站点包括远程站点和_____。

（2）在 Dreamweaver CS4 中，打开"文件"面板的快捷键是_____。

（3）要在互联网上看到自己在本地站点上创建的网页，必须将本地站点上传到_____。

2. 判断题

（1）命名站点文件时，可以使用汉语拼音但不能使用汉字。（　　　）

（2）为了方便管理，站点文件夹和文件的名称最好要有具体的含义。（　　　）

（3）在 Dreamweaver 中不能导出站点。（　　　）

3. 上机题

（1）在 D 盘上创建一个名为"wangzhan"的文件夹，然后按照新建站点的方法在 Dreamweaver CS4 中将它定义为本地根文件夹，并且将站点名称设置为"wodewangzhan"，最后在站点中创建一个网页文件"index1.htm"。

（2）创建一个站点并重新定义站点的名称，然后复制该站点。

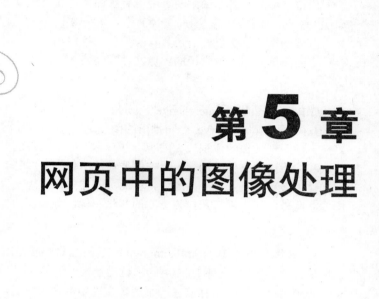

第5章
网页中的图像处理

📖 **本章要点**

- 网页中常用的图像格式
- 插入图像
- 鼠标经过图像
- 网页背景
- 图像映射
- 网页导航条
- 为网页图像不同部分分别添加替换文字

　　图形图像是网页吸引浏览者眼球的重要部分，恰当地使用图像既能达到美化网页的目的，又能够更好地传递信息。本章中将学习在网页中插入鼠标经过图像、设置网页背景以及创建图像映射的方法。通过本章的学习，读者可以熟练掌握图像在网页设计中的作用，及制作不同网页图像对象的方法和技巧。

▌5.1 ▌ 网页中常用的图像格式

图片带给我们丰富的色彩与强烈的冲击力，正是图片给了网页修饰与点缀。合理地利用图片，会给人们带来美的享受。如果网页中没有了图片，光是纯文字页面该是多么的单调。图片有多种格式，如 JPEG、BMP、TIFF、GIF、PNG 等。互联网上大部分使用 JPEG 和 GIF 两种格式，因为它们除了具有压缩比例高的优点外，还具有跨平台的特性。

下面简单介绍一下常用的图像文件存储格式。

1. GIF

GIF 是 Graphics Interchange Format 的缩写，即为图形交换格式，以这种格式存在的文件扩展名为.gif。它是 CompuServe 公司推出的图形标准。它采用非常有效的无损耗压缩方法（即 Lempel-Ziv 算法）使图形文件的体积大大缩小，并基本保持了图片的原貌。目前，几乎所有图形编辑软件都具有读取和编辑这种文件的功能。为方便传输，在制作主页时一般都采用 GIF 格式的图片。此种格式的图像文件最多可以显示 256 种颜色，在网页制作中，适用于显示一些不间断色调或大部分为同一色调的图像。此外，还可以将其作为透明的背景图像，预显示图像或在网页页面上移动的图像。

2. JPEG

JPEG 图片格式由 Joint Photographic Experts Group 提出并因此而得名，是在 Internet 上被广泛支持的图像格式，JPEG 支持 16M 色彩也就是通常所说的 24 位颜色或真彩色，其典型的压缩比为 4:1。由于人类眼睛并不能看出存储在一个图像文件中的全部信息，可以去掉图像中的某些细节，并对图像中某些相同的色彩进行压缩。JPEG 是一种以损失质量为代价的压缩方式，压缩比越高，图像质量损失越大，适用于一些色彩比较丰富的照片以及 24 位图像。这种格式的图像文件能够保存数百万种颜色，适合保存一些具有连续色调的图像。

3. PNG

PNG 是（Portable Network Group）的缩写。这种格式的图像文件可以完全替换 GIF 文件，而且无专利限制，非常适合 Adobe 公司的 Fireworks 图像处理软件，能够保存图像中最初的图层、颜色等信息。

目前，各种浏览器对 JPEG 和 GIF 图像格式的支持情况最好。由于 PNG 文件较小，并且具有较大的灵活性，所以它非常适合用作网页图像。但是，某些浏览器版本只能部分支持 PNG 图像，因此，它在网页中的使用受到一定程度的限制。除非特别需要，在网页中一般都使用 JPEG 或 GIF 格式的图像。

▌5.2 ▌ 插入图像

一个好的网页除了文本之外，还应该有绚丽的图片来渲染，在页面中恰到好处地使用图像能使网页更加生动、形象和美观。图像也是网页中不可缺少的元素。

1. 在网页中插入图像

插入网页的图像文件可以有很多种格式，但 GIF 格式和 JPEG 格式的图片文件由于文件较小，更

适合网络传输，而且能够被大多数的浏览器完全支持，所以是网页制作中最为常用的文件格式。

　　在将图像插入 Dreamweaver 文档时，Dreamweaver 自动在 HTML 源代码中生成对该图像文件的引用。为了确保此引用的正确性，该图像文件必须位于当前站点中。如果图像文件不在当前站点中，Dreamweaver 会询问是否要将此文件复制到当前站点中。

　　要在网页中插入图像，首先应将光标放置到需要插入图像的位置，然后执行"插入"→"图像"命令，或者按下"Ctrl+Alt+I"组合键，打开如图 5-1 所示的"选择图像源文件"对话框。在对话框中选择需要插入的图像，单击 确定 按钮，即可在网页中插入图像，如图 5-2 所示。

图 5-1　"选择图像源文件"对话框

图 5-2　插入图像

2．设置图像属性

　　插入图像后，用户可以随时设置图像的属性，如图像大小、链接位置、对齐方式等。在 Dreamweaver 中设置图像属性主要通过"属性"面板来完成。

　　选定图像，窗口最下方会出现图像"属性"面板，如图 5-3 所示。

图 5-3　图像"属性"面板

"属性"面板中各项的设置如下。
- ID：在文本框中输入图像的名称。
- 宽：设置图像宽度。
- 高：设置图像高度。
- 源文件：此框用来设置插入图像的路径及名称。单击右端的 ☐ 按钮，打开"选择图像源"对话框，选择一幅图片，可以替换原来的图像。
- 替换：用于输入说明文本。在该文本框中输入的内容会在显示图像之前出现在图像显示的位

置上，这样在图像没显示出来之前，就能知道图像所要说明的内容。

- 垂直边距：是图像左边和其左方的其他页面元素的距离，及图像右边和其右方的其他页面元素的距离。
- 水平边距：是图像顶部和其上方的其他页面元素的距离，及图像底部和其下方的其他页面元素的距离。
- 链接：给图像或图像热区添加链接，实现页面的跳转，下方的"目标"栏用来指定链接页面加载的方式。
- 目标：表示链接的目标在浏览器中的打开方式，其中包括 4 种方式：blank、parent、self、top。
- 编辑：单击 ▣ 按钮，启动默认的外部图像编辑器，可以在图像编辑器中编辑并保存图像，在页面上的图像将会自动更新；▨ 按钮是使用 Fireworks 来编辑图像的设置；▨ 按钮是裁剪图像；▨ 按钮是重新取样；◑ 按钮是调整亮度和对比度；▲ 按钮是锐化图像。
- 边框：在该文本框中可输入图像边框的宽度。
- 原始：可以设置图像的 Firewoks 源文件。
- 对齐：设置图像与其他对象的对齐方式。

5.3 鼠标经过图像

鼠标经过图像是在浏览器中当鼠标指针移过它时发生变化的图像。使用鼠标经过图像可以制作交互式的图像特效。

要制作鼠标经过图像，需要准备两个图像：主图像和次图像。主图像为正常显示的图像，次图像为当鼠标指针经过主图像区域时要显示的图像。主图像和次图像应该大小相同，否则，Dreamweaver 将自动调整次图像的大小使其与主图像大小相同。

要在网页中插入鼠标经过图像，可以执行"插入"→"图像对象"→"鼠标经过图像"命令，打开"插入鼠标经过图像"对话框，如图 5-4 所示。分别单击"原始图像"文本框右边的 浏览... 按钮与"鼠标经过图像"文本框右边的 浏览... 按钮，选择原始图像和鼠标经过时的图像即可。

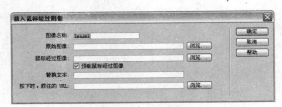

图 5-4 "插入鼠标经过图像"对话框

5.4 网页背景

在 Dreamweaver CS4 中，设置网页背景有两种方法：一种是设置背景颜色；另一种是设置背景图像。

5.4.1 网页背景颜色

通过设置网页背景颜色，可以使网页看起来色彩感更强，页面更加漂亮。设置网页背景颜色的操作步骤如下。

Step 1 执行"修改"→"页面属性"命令，或者在"属性"面板中单击 页面属性... 按钮，打开如图 5-5 所示的对话框。

图 5-5 "页面属性"对话框

Step 2 在"背景颜色"处单击 □ 按钮打开颜色列表，如图 5-6 所示，为网页选择一种背景颜色。

Step 3 单击 确定 按钮。此时就为网页设置了背景颜色，如图 5-7 所示。

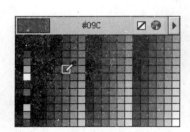

图 5-6 选择背景颜色

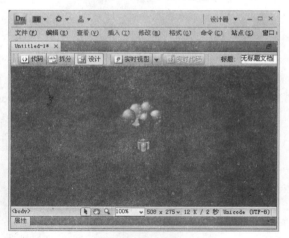

图 5-7 添加网页背景颜色

5.4.2 网页背景图像

在 Dreamweaver CS4 中也可以为网页文档设置背景图像。设置网页背景图像的操作步骤如下。

Step 1 执行"修改"→"页面属性"命令，或者在"属性"面板中单击 页面属性... 按钮，打开"页面属性"对话框。

Step 2 在"背景图像"文本框中输入将被用作网页背景的图像文件的路径，或者单击其右侧

的 浏览... 按钮，在弹出的对话框中选择一幅图像文件，如图 5-8 所示。

Step 3 完成后单击 确定 按钮，即可为网页文档设置背景图像，如图 5-9 所示。

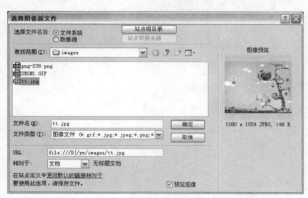

图 5-8 "选择图像源文件"对话框

图 5-9 网页背景图像

> 提示：如果同一个网页既设置了背景颜色，又设置了背景图像，那么只能显示背景图像，不能显示背景颜色。

5.5 图像映射

图像映射是将图像划分为若干个区域，每个区域被称为一个热区。在 Dreamweaver CS4 中，热区可以是不同形状的，如圆形、矩形、不规则多边形等。设置图像映射的具体操作步骤如下。

Step 1 执行"插入"→"图像"命令，在文档窗口中插入一幅图像，如图 5-10 所示。

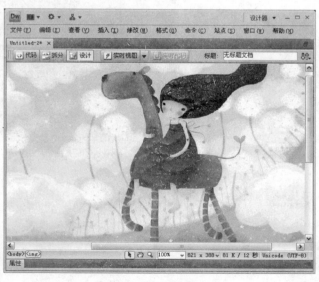

图 5-10 插入图像

Step 2　选定图像，打开"属性"面板，在面板左下角出现矩形热点工具 、椭圆形热点工具 及多边形热点工具 ，如图 5-11 所示。

图 5-11　热区图标

Step 3　单击任意热点工具，将光标移动到图像上并按下鼠标拖动，如图 5-12 所示。

图 5-12　绘制热区

Step 4　在"替换"文本框中输入热区的说明或者提示。在浏览器中，当鼠标指向该热区时就会显示此处输入的文字，如此处输入"小女孩快乐地骑着马！"，如图 5-13 所示。

Step 5　执行"文件"→"在浏览器中预览"→"iexplore"命令，或按下"F12"键，打开预览窗口，用鼠标单击热区即可显示替换文字，如图 5-14 所示。

图 5-13　输入文字　　　　　　　　　　　　图 5-14　显示替换文字

▌5.6▐ 应用实践

5.6.1 任务1——网页导航条

任务要求

大趣娱乐网站要求为其设计一个导航条，该网站的定位是年轻人的娱乐信息港，要求导航条符合年轻人的审美，看上去不但精美而且充满动感，要吸引浏览者的眼球。导航条的内容模块有"首页"、"动画世界"、"流行音乐"、"文学天地"与"联系我们"。

任务分析

导航条是网站所有内容类目的集合，方便浏览者直接点击导航条里的栏目进入相关的内容版块。导航条可以由纯文字组成，也可以由纯图像组成，还可以由图像与文字组成。由于大趣娱乐网站要求导航条看上去不但精美而且充满动感，要吸引浏览者的眼球，所以使用图像来制作，这样可以使网页更加美观，而且当鼠标指针放到导航栏目上时，可使导航栏目换成另一幅图像，这样就可以使网页生动活泼。

任务设计

本例将制作一个动感漂亮的网页导航条。首先通过设置页面属性为网页添加背景图像，然后通过插入鼠标经过图像为网页添加鼠标移动到图像上时产生的交互效果，使导航条看上去不但精美而且充满动感，如图 5-15 所示。

（a）鼠标未经过时

（b）鼠标经过时

图 5-15　最终效果

完成任务

1. 设置网页背景图像

Step 1 设置背景图像。新建一个网页文件，在"属性"面板中单击 页面属性... 按钮，弹出"页面属性"对话框后，单击"背景图像"文本框右侧的 浏览(B)... 按钮，为网页设置一幅背景图像，如图 5-16 所示。完成后单击 确定 按钮。

Step 2 插入图像。在"属性"面板中单击"居中对齐"按钮 ，使光标居中对齐，然后执行"插入"→"图像"命令，在文档中插入一幅图像，如图 5-17 所示。

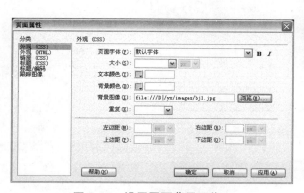

图 5-16　设置网页背景图像

图 5-17　插入图像

2. 插入鼠标经过图像

Step 1　打开"插入鼠标经过图像"对话框。将光标放置于插入的图像之后，按"Shift+Enter"组合键强制换行，执行"插入"→"图像对象"→"鼠标经过图像"命令，打开"插入鼠标经过图像"对话框，如图 5-18 所示。

Step 2　选择导航条原始图像。在对话框中单击"原始图像"文本框右边的 浏览... 按钮，打开"原始图像"对话框，从中选择一幅图像文件，如图 5-19 所示。

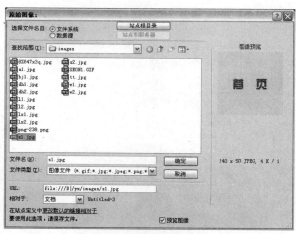

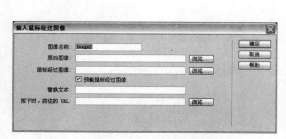

图 5-18　"插入鼠标经过图像"对话框　　　　　图 5-19　选择原始图像

Step 3　返回"插入鼠标经过图像"对话框。单击 确定 按钮，返回"插入鼠标经过图像"对话框。此时"原始图像"文本框中会出现选择的原始图像的路径及名称，如图 5-20 所示。

Step 4　选择鼠标经过图像。单击"鼠标经过图像"文本框右边的 浏览... 按钮，打开"鼠标经过图像"对话框。从中选择一幅图像文件，如图 5-21 所示。

Step 5　插入鼠标经过图像。单击 确定 按钮，返回"插入鼠标经过图像"对话框。此时"鼠标经过图像"文本框中会出现选择的替换图像的路径及名称，如图 5-22 所示。确认无误后单击 确定

按钮，插入鼠标经过图像，如图 5-23 所示。

图 5-20　原始图像的路径及名称

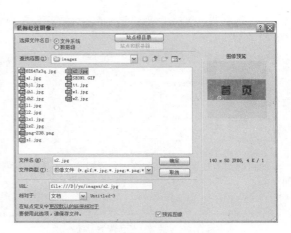

图 5-21　选择鼠标经过图像

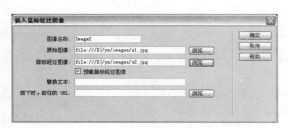

图 5-22　显示鼠标经过图像的路径及名称

图 5-23　插入鼠标经过图像

Step 6　创建导航条栏目。将光标定位于刚插入图像的右边，执行"插入"→"图像对象"→"鼠标经过图像"命令，弹出"插入鼠标经过图像"对话框，选择两幅图像分别作为原始图像与鼠标经过图像，然后单击 ￼ 确定 按钮插入鼠标经过图像，如图 5-24 所示。

Step 7　创建网页导航条。按照同样的方法再插入 3 幅鼠标经过图像，创建网页导航条，其效果如图 5-25 所示。

图 5-24　插入鼠标经过图像

图 5-25　再插入 3 幅鼠标经过图像

Step 8　预览网页。按 "Ctrl+S" 组合键保存页面，执行 "文件" → "在浏览器中预览" → "iexplore" 命令，或按下 "F12" 键预览网页，当鼠标经过导航条中的图像时，图像会进行相应的变换，效果如图 5-15 所示。

归纳总结

本例制作的是一个网页导航条，重点是鼠标经过图像的应用。在插入鼠标经过图像制作交互效果时需要注意，创建交互式图像的两幅图像大小必须相同，否则交换的图像在显示时会进行压缩或展开以适应原有图像的尺寸，这样容易造成图像失真。

5.6.2　任务 2——为网页图像不同部分分别添加替换文字

任务要求

正在制作中的大趣娱乐网站要求为其制作一个由图像构成的子页，并为网页上的图像分别添加替换文字，方便大趣娱乐网站整个制作完成以后添加不同的超级链接。

任务分析

为大趣娱乐网站某个子页上的网页图像的不同部分分别添加替换文字（也就是要添加多个替换文字），首先，大趣娱乐网站是一个娱乐类型的网站，选择的图像要活泼一些，最好是可爱的卡通图像，而不是一些建筑类与风景类的图像；另外，等大趣娱乐网站整个制作完成后，要将网页上图像的左侧部分链接到新浪网站，将右侧部分链接到搜狐网站，当鼠标经过图像上时，将出现链接网站的文字说明。

任务设计

本例将制作一个网页，并为图像不同部分分别添加替换文字。首先通过设置页面属性为网页添加背景颜色，然后在网页中插入一幅图像，最后要为图像添加不同的替换文字。这就要通过图像映射功能在图像上的左眼与右眼处创建圆形热点链接，在图像上的左眼的热点链接处输入替换文字 "新浪网站"，在图像上的右眼的热点链接处输入替换文字 "搜狐网站"，如图 5-26 所示。

图 5-26　最终效果

完成任务

Step 1　设置背景颜色。新建一个网页文件，在"属性"面板中单击 页面属性... 按钮，弹出"页面属性"对话框，在对话框中将网页背景颜色设置为蓝色（#5D8AE5），如图 5-27 所示。完成后单击 确定 按钮。

图 5-27　设置网页背景颜色

Step 2　插入图像。在"属性"面板中单击"居中对齐"按钮 ≡，使光标居中对齐，然后执行"插入"→"图像"命令，在文档中插入一幅图像，如图 5-28 所示。

图 5-28　插入图像

Step 3　创建热区。选择插入的图像，打开"属性"面板，单击"圆形热点工具"按钮 ◯，分别将光标移动到图像上的左边眼睛与右边眼睛处并按下鼠标拖动，创建圆形热区，如图 5-29 所示。

Step 4　输入左眼热区替换文字。在"属性"面板上单击"指针热点工具"按钮 ▶，选择左方眼睛上的热区，在"属性"面板上的"替换"文本框中输入"新浪网站"，如图 5-30 所示。

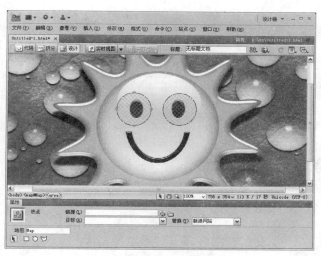

图 5-29　创建热区

图 5-30　输入左眼热区替换文字

Step 5　输入右眼热区替换文字。选择图像右方眼睛上的热区，在"属性"面板上的"替换"文本框中输入"搜狐网站"，如图 5-31 所示。

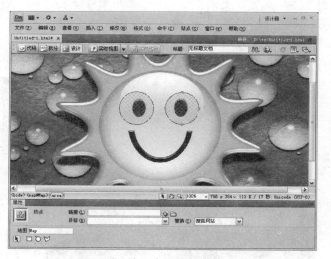

图 5-31　输入右眼热区替换文字

Step 6　预览网页。保存文件，执行"文件"→"在浏览器中预览"→"iexplore"命令，或按"F12"键预览，当鼠标经过图像上设置了热区的位置时，将出现图像不同部分的文字说明。

归纳总结

　　本例制作的是一个为网页图像不同部分分别添加替换文字的效果，重点是图像映射功能的应用。若要在显示图像之前，有说明文字出现在图像显示位置上，就要用到图像映射为图像创建替换文本，这样在图像没显示出来之前，就能知道图像所要说明的内容。在创建图像映射后，如果要选择多个热区，可单击"属性"面板上"指针热点工具"按钮 ，然后按住"Shift"键不放，使用鼠标左键对热区进行选择即可。

▌5.7▌ 知识链接

5.7.1 图像占位符

当用户制作网页，在页面中某个位置需要插入一幅图片，但一时找不到自己喜欢的、合适的图片时，就需要用到 Dreamweaver CS4 的图像占位符功能。插入图像占位符后，用户随时都可以将其替换为真正的图像。

图像占位符并不是在浏览器中显示的最终图像，它只是一种临时的、替补的图形。用户不仅可以设置图像占位符的大小和颜色，还可以为图像占位符提供文本标签。

1. 插入图像占位符

在文档页面中插入图像占位符的操作步骤如下。

Step 1 将光标放置到页面中要插入图像占位符的位置，执行"插入"→"图像对象"→"图像占位符"命令。

Step 2 弹出"图像占位符"对话框，在"名称"文本框中，输入要作为图像占位符的标签文字显示的文本，如"zwf"，如图 5-32 所示。

Step 3 在"宽度"和"高度"文本框中，以像素为单位输入数字以设置图像占位符的大小，这里分别输入 700 与 160。

Step 4 在"颜色"文本框中为图像占位符设置颜色，如这里选择绿色（#66CC33）。

Step 5 在"替换文本"中，输入描述该图像的文本，如"这里是图像占位符"，如图 5-33 所示。

图 5-32 "图像占位符"对话框   图 5-33 输入替换文本

Step 6 完成后单击 确定 按钮，插入的图像占位符如图 5-34 所示。

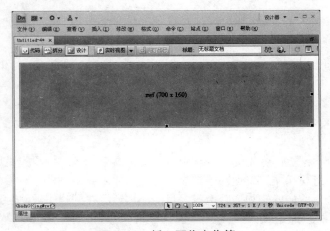

图 5-34 插入图像占位符

2. 将图像占位符替换为图像

通过图像占位符的"属性"面板可以将图像占位符替换为真正的图像，其具体操作步骤如下。

Step 1 选中文档页面中的图像占位符，其"属性"面板如图 5-35 所示。

图 5-35 图像占位符"属性"面板

Step 2 在"源文件"文本框中指定图像的源文件。对于占位符图像，此文本框为空。单击文本框右侧的"浏览文件" 📁 按钮，打开"选择图像源文件"对话框，在对话框中选择一幅合适的图像，如图 5-36 所示。

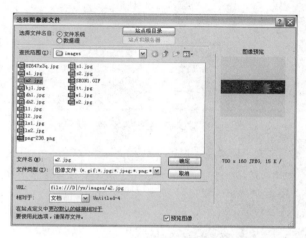

图 5-36 选择图像

Step 3 设置完成后，单击 确定 按钮，图像占位符就被替换为真正的图像了，如图 5-37 所示。

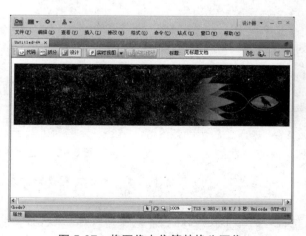

图 5-37 将图像占位符替换为图像

5.7.2 设置外部图像编辑器

设置外部图像编辑器可以更好地编辑网页中的图像。设置外部图像编辑器的具体操作步骤如下。

Step 1 执行"编辑"→"首选参数"命令，打开"首选参数"对话框，在对话框左侧的"分类"列表下选择"文件类型/编辑器"选项，如图 5-38 所示。

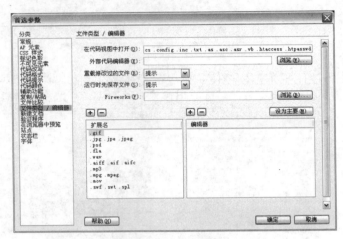

图 5-38 "文件类型/编辑器"选项

Step 2 在"扩展名"列表中，单击其上方的 ➕ 按钮可以添加一种文件类型，直接在输入框里输入文件的扩展名即可，如图 5-39 所示。选中一种文件类型后单击 ➖ 按钮可以删除该文件类型。

Step 3 选中一种文件类型，如这里选择扩展名为"png"的文件，单击"编辑器"上方的 ➕ 按钮，弹出如图 5-40 所示的对话框。

图 5-39 添加一种文件类型

图 5-40 "选择外部编辑器"对话框

Step 4 在本机上为扩展名为"png"的文件选择一种外部图像编辑器软件。这里选择 Fireworks CS4，如图 5-41 所示。

Step 5 单击 打开(O) 按钮，Fireworks CS4 就被添加到"编辑器"列表框中。如果用户对另一种功能强大的图形编辑软件 Photoshop 比较熟悉，也可以将 Photoshop 再添加到"编辑器"列表框中，

方法都一样。

Step 6　选中 Fireworks，单击"编辑器"列表框右上角的 [设为主要(M)] 按钮，可以将 Fireworks CS4 设置为扩展名为"png"的文件的主要外部图像编辑器软件，如图 5-42 所示。

图 5-41　选择外部图像编辑器软件　　　　图 5-42　将 Fireworks 设为主要外部图像编辑器软件

Step 7　用上面讲过的方法，将扩展名为"jpg、jpe、jpeg"的文件的主要外部图像编辑器设为 Fireworks CS4。单击 [确定] 按钮后，外部图像编辑器就已经设置完成。

▌5.8▌ 自我检测

1．填空题

（1）执行_____命令，弹出"插入鼠标经过图像"对话框，可以创建_____。
（2）导航条图像需要由两幅图组成，在网页中使用导航条图像，可使网页具有_____与_____。
（3）在 Dreamweaver CS4 中，设置网页背景有两种方法：一种是_____；另一种是_____。
（4）图像映射是将图像划分为若干个区域，每个区域被称为一个_____。
（5）图像占位符并不是在浏览器中显示的最终图像，它只是一种_____、_____图形。

2．上机题

（1）请应用本章中学习的知识，制作一个如图 5-43 所示的导航条。

图 5-43　导航条效果

操作提示如下。

Step 1　新建一个网页文件，然后将网页的背景颜色设置为红色。

Step 2　在网页中插入一幅图像，然后使用交互式图像功能在图像的右侧插入"首页"、"新品速递"、"服装分类"等 6 幅鼠标经过图像。

（2）在页面中插入一幅图像，然后使用热点工具为图像创建热区，并为热区设置替换文字，如图 5-44 所示。

图 5-44　图像替换文字

操作提示如下。

Step 1　新建一个网页文件，在网页中插入一幅图像。

Step 2　使用图像映射功能，选择"圆形热点"工具在图像上创建热区，并设置热区的替换文字。

第6章
使用表格进行网页布局

📖 **本章要点**

● 创建表格
● 应用表格
● 利用表格属性制作隔距边框表格
● 使用表格与图像制作汽车网页

　　要学习网页设计，熟练使用表格是必不可少的。表格工具不仅可以制作行列式的表格，更重要的是能帮助我们有致地排列图片、文字。熟练掌握和灵活应用表格的各种属性，可以使网页赏心悦目。因此表格是网页设计人员必须掌握的基础，也是网页设计的重中之重。本章主要向读者介绍了通过使用表格给网页排版的方法，希望读者通过对本章内容的学习，能掌握插入表格、设置表格属性以及表格与单元格的编辑等知识。

▌6.1▌ 创建表格

要创建表格，可以单击"插入"菜单，从中选择"表格"命令，或者按"Ctrl+Alt+T"组合键，打开"表格"对话框，如图 6-1 所示。

在"表格大小"区域中有以下参数。

- **行数**：确定表格具有的行的数目。
- **列数**：确定表格具有的列的数目。

图 6-2 所示为一个 3 行 2 列的表格，而图 6-3 所示为一个 2 行 3 列的表格。

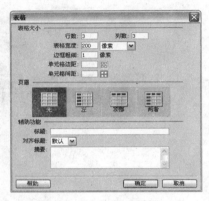

图 6-1 "表格"对话框

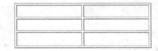

图 6-2 3 行 2 列的表格

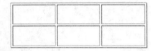

图 6-3 2 行 3 列的表格

- **表格宽度**：以像素为单位或以占浏览器窗口宽度的百分比指定表格的宽度。当表格宽度以像素为单位时，缩放浏览器窗口时不会影响表格的实际大小；当表格宽度指定为百分比时，缩放浏览器窗口时表格宽度将随之变化。通常情况下都以实际像素表示表格宽度。
- **边框粗细**：指定表格边框的粗细。大多数浏览器按边框粗细为"1"显示表格。若需要不显示表格边框，则可将边框粗细设置为"0"。

图 6-4 所示为一个 3 行 4 列的表格，边框粗细分别为 0、1 和 8 时的状态。

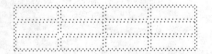

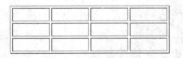

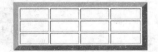

图 6-4 表格边框粗细分别为 0、1 和 8

- **单元格边距**：单元格边框和单元格内容之间的距离。大多数浏览器默认设置单元格边距为"1"。

图 6-5 所示为单元格边距为"1"时的表格，图 6-6 所示为单元格边距为"5"时的表格。

图 6-5 单元格边距为 1

图 6-6 单元格边距为 5

- **单元格间距**：相邻单元格之间的距离。大多数浏览器默认设置单元格间距为"2"。

图 6-7 所示为单元格间距为"1"时的表格，图 6-8 所示为单元格间距为"5"时的表格。

间距为1	间距为1	间距为1
间距为1	间距为1	间距为1
间距为1	间距为1	间距为1

图 6-7　单元格间距为"1"

间距为5	间距为5	间距为5
间距为5	间距为5	间距为5
间距为5	间距为5	间距为5

图 6-8　单元格间距为"5"

在"页眉"区域下有 4 个选项，分别表示标题单元格相对于表格的位置。图 6-9 所示分别为无标题、标题居左、标题居顶、标题同时居左和居顶时的表格状态。

Microsoft	Macromedia	Adobe
Office	Dreamweaver	Photoshop
SQL Server	Flash	Acrobat
Visual Studio	Fireworks	Affter Effect

Microsoft	Macromedia	Adobe
Office	Dreamweaver	Photoshop
SQL Server	Flash	Acrobat
Visual Studio	Fireworks	Affter Effect

Microsoft	**Macromedia**	**Adobe**
Office	Dreamweaver	Photoshop
SQL Server	Flash	Acrobat
Visual Studio	Fireworks	Affter Effect

Microsoft	**Macromedia**	**Adobe**
Office	Dreamweaver	Photoshop
SQL Server	Flash	Acrobat
Visual Studio	Fireworks	Affter Effect

图 6-9　无标题、标题居左、标题居顶、标题同时居左和居顶

在"辅助功能"区域中有以下参数。

- **标题**：显示在表格外的表格标题。

例如，输入文本"著名软件公司产品目录"，插入一个 2 行 5 列表格，如图 6-10 所示。

著名软件公司产品目录

图 6-10　显示表格标题

- **对齐标题**：表格标题相对于表格的位置。
- **摘要**：表格的说明，可供浏览器读取，但不予显示。

设置完成后，单击 确定 按钮即可插入表格。

6.2 应用表格

表格的合理运用对页面布局至关重要。可以说表格是 Dreamweaver CS4 页面排版的核心。下面我们就来学习表格的应用。

6.2.1　输入表格内容

在 Dreamweaver CS4 中，不仅可以在表格中输入文本，还可以插入图像。

1. 输入文本

将光标放置到要输入文本的表格中，直接输入文本内容即可，如图 6-11 所示。

图 6-11　输入文本

2．插入图像

将光标放置到要插入图像的表格中，执行"插入"→"图像"命令，打开"选择图像源文件"对话框，如图 6-12 所示。选择要插入的图像，单击 确定 按钮，即可在表格中插入图像，如图 6-13 所示。

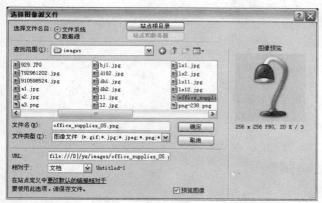

图 6-12　"选择图像源文件"对话框

图 6-13　在表格中插入图像

6.2.2　选定表格元素

在对表格元素进行操作之前，必须先选定表格元素。下面就来介绍选定表格元素的操作方法。

1．选取表格

选取整个表格的方法有以下几种。

- 将鼠标指针移近表格边框，当光标形状变成  时单击鼠标。
- 将鼠标指针定位在表格前，向右拖动鼠标；或将鼠标指针定位在表格后，向左拖动鼠标。
- 将鼠标指针移到表格中单元格之间的分隔线上，当光标变成 ‡ 时单击鼠标。
- 将光标定位到表格中的任意位置，单击文档窗口底部状态栏左端标记选择器中的 `<table>` 按钮，如图 6-14 所示。

- 在显示表格宽度可视化助理时，将光标定位到表格中的任意位置，使表格宽度显示出来，单击表格宽度数字后的向下箭头，在其下拉菜单中选择"选择表格"命令，如图 6-15 所示。

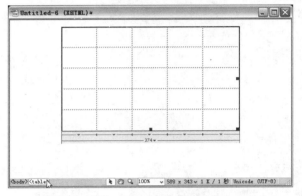

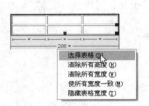

图 6-14 单击"table"标签选定整个表格   图 6-15 通过表格宽度可视化助理选取表格

2. 选取行或列

由于选取行与选取列具有相通之处，所以此处主要介绍选取行的方法。

- 将鼠标指针移到要选取行的左侧，当光标变成 ➡ 且该行中所有单元格边框都显示成红色时，如图 6-16 所示，单击鼠标，选中的行中所有单元格边框都显示成黑色，如图 6-17 所示。要选取连续的多行，只需当光标变成 ➡ 时按下鼠标拖动，则鼠标经过的行都将被选中。要选取不连续的多行，只需当光标变成 ➡ 时按住"Ctrl"键，在要选取行的左端单击即可。

图 6-16 激活一行   图 6-17 选中一行

- 将光标定位在要选取行的第 1 个单元格，按下鼠标拖动到该行的最后一个单元格后释放鼠标即可；或将光标定位在要选取行的最后一个单元格，按下鼠标拖动到该行的第 1 个单元格后释放鼠标即可。
- 对于行：将光标定位到要选取的行中的任一单元格，单击文档窗口底部状态栏左端标记选择器中的 `<tr>` 按钮。
- 对于列：在显示表格宽度可视化助理时，将光标定位到要选取的列的任一单元格，单击列宽数字后的向下箭头，在其下拉菜单中选择"选择列"命令，如图 6-18 所示。

3. 选取单元格

选取单元格的方法主要有如下两种。

- 将光标定位到要选取的单元格中，单击文档窗口底部状态栏左端标记选择器中的 `<td>` 按钮。
- 按住"Ctrl"键，将鼠标指针移到要选取的单元格上，当指针变成 🔾 且要选取的单元格的边

框变成红色时，如图 6-19 所示，单击鼠标左键。要选取多个单元格，重复执行以上操作即可。

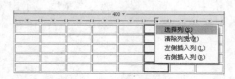

图 6-18　通过表格宽度可视化助理选取列

图 6-19　选取单元格

6.2.3　设置表格与单元格属性

设置表格与单元格属性可通过"属性"面板来完成，下面分别进行介绍。

1．设置表格属性

在 Dreamweaver CS4 中，利用"属性"面板可以设置表格属性。选定表格，"属性"面板如图 6-20 所示，其中各项参数含义如下。

图 6-20　表格"属性"面板

- 表格：设置表格的名称。
- 行：设置表格的行数。
- 列：设置表格的列数。
- 宽：设置表格的宽度。
- 填充：设置单元格内容与边框的距离。
- 间距：设置每个单元格之间的距离。
- 对齐：设置表格的对齐方式。对齐方式有左对齐、居中对齐和右对齐 3 种。默认是左对齐。
- 边框：表格边框宽度，以像素为单位。
- 　：分别表示清除列宽、将表格宽度转换成像素、将表格宽度转换成百分比。
- 　：表示清除行高。
- 背景图像：用来设置表格的背景图像。

2．设置单元格属性

在 Dreamweaver CS4 中，用户还可以单独设置单元格的属性，将光标放置到单元格中，"属性"面板如图 6-21 所示。

- 格式：设置表格中文本的格式。
- ID：设置单元格的名称。
- 类：选择设置的 CSS 样式。
- 链接：设置单元格中内容的链接属性。
- 　：对所选文本应用加粗效果。

图 6-21　单元格"属性"面板

- *I*：对所选文本应用斜体效果。
- ：设置表格中文本列表方式和缩进方式。
- 水平：设置表格中元素的水平对齐方式，其中包括"左对齐"、"右对齐"、"居中对齐"3 项，默认是"左对齐"。
- 垂直：设置表格中元素的垂直方式，其中包括"顶端"、"居中"、"底部"、"基线"4 项，默认为"居中"。
- 宽、高：设置单元格的宽度和高度，单位为像素。
- 不换行：选中此项，表格中文字、图像将不会环绕排版。
- 标题：设置单元格的表头。
- 背景颜色：设置单元格的背景颜色。

6.2.4　添加和删除行或列

在表格的操作过程中，可以很方便地添加和删除表格的行或列。

1.　在表格中添加一行

在表格中添加一行的操作方法有以下两种。

- 将光标放置到单元格内，执行"修改"→"表格"→"插入行"命令。
- 将光标放置到单元格内，然后单击鼠标右键，在弹出的快捷菜单中选择"表格"→"插入行"命令。

2.　在表格中添加一列

在表格中添加一列的操作方法有以下两种。

- 将光标放置到单元格内，执行"修改"→"表格"→"插入列"命令。
- 将光标放置到单元格内，然后单击鼠标右键，在弹出的快捷菜单中选择"表格"→"插入列"命令。

> 提示：将光标放置到单元格内，按"Ctrl+M"组合键能添加一行，按"Ctrl+Shift+A"组合键能添加一列。

3.　在表格中添加多行或多列

在表格中添加多行或多列的操作步骤如下。

Step 1　将光标放置到单元格内。

Step 2　执行"修改"→"表格"→"插入行或列"命令，或直接在单元格内单击鼠标右键，在弹出的快捷菜单中选择"表格"→"插入行或列"命令，打开如图 6-22 所示的"插入行或列"对话

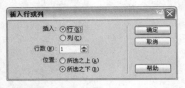

图 6-22 "插入行或列"对话框

框，对话框中各项的功能如下。

- 插入：可通过单选项来选择插入"行"还是插入"列"。
- 行数：如选择"行"单选项，这里就输入要添加行的数目；如选择"列"单选项，这里就输入要添加列的数目。
- 位置：如选择"行"单选项，这里就可选择插入行的位置是在光标当前所在单元格之上或者之下；如选择"列"单选项，就可选择插入列的位置是在光标当前所在单元格之前或者之后。

Step 3 单击 确定 按钮，就可为表格添加多行或多列。

4. 删除行或列

将光标放置到单元格内，执行"修改"→"表格"→"删除行"命令，或者单击鼠标右键，在弹出的快捷菜单中选择"表格"→"删除行"命令，即可删除行；将光标放置到单元格内，执行"修改"→"表格"→"删除列"命令，或者单击鼠标右键，在弹出的快捷菜单中选择"表格"→"删除列"命令，即可删除列。

 提示：先选定整行或整列，再按"Delete"键也可删除行或列。

6.2.5 单元格的合并及拆分

在制作网页的过程中，有时需要合并或拆分单元格。对于连续且呈矩阵分布的多个单元格，可以进行合并操作。

如图 6-23 所示，选中左上角的 4 个单元格，单击鼠标右键，在弹出的快捷菜单中单击"表格"菜单，从中选择"合并单元格"命令，或按"Ctrl+Alt+M"组合键即可合并单元格，合并后的效果如图 6-24 所示。

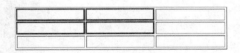 

图 6-23 选中要合并的单元格　　　　　　　图 6-24 合并单元格后的效果

对于单个单元格，可以进行拆分操作。

如图 6-25 所示，选中表格中间的一个单元格，单击鼠标右键，在弹出的快捷菜单中单击"表格"菜单，从中选择"拆分单元格"命令，或按"Ctrl+Alt+S"组合键，将打开"拆分单元格"对话框，如图 6-26 所示。

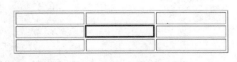 

图 6-25 选中要拆分的单元格　　　　　　　图 6-26 "拆分单元格"对话框

在"拆分单元格"对话框中选择把单元格拆分成行或列，以及要拆分成的单元格个数，设置好后

单击 确定 按钮即可。图 6-27 所示是将单元格拆分成 3 行的效果，图 6-28 所示是将单元格拆分成 2 列的效果。

图 6-27 将单元格拆分成 3 行

图 6-28 将单元格拆分成 2 列

6.2.6 嵌套表格

在 Dreamweaver CS4 中，单元格里还可以插入嵌套表格，操作步骤如下。

Step 1 将光标放置到需要插入嵌套表格的单元格中。

Step 2 执行"插入"→"表格"命令或者在"常用"面板中单击"表格"按钮 ⊞，再设置相应的行列数，如图 6-29 所示。

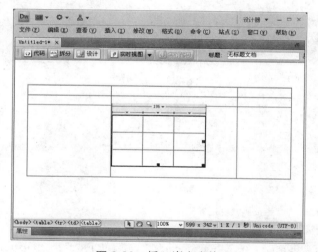

图 6-29 插入嵌套表格

6.3 应用实践

6.3.1 任务 1——利用表格属性制作隔距边框表格

任务要求

金田房地产公司最近新推出一个楼盘，要求在新楼盘的网站中用新颖的方式排列各个栏目或频道（如楼盘地理位置、金牌户型、主题园林等），使潜在客户对各栏目一目了然，方便客户查找自己感兴趣的信息。

任务分析

排列各个栏目或频道以往都是使用单一的表格来制作的，但是大多数网站都使用这种方式就有点千篇一律了，提不起浏览者的兴趣。金田房地产公司要求在新楼盘的网站中用新颖的方式排列各个栏目或频道，就可以利用表格属性制作隔距边框表格来排列各个栏目或频道。

任务设计

隔距边框表格在网页中主要用来排列各个栏目或频道，使用隔距边框可以使浏览者对各栏目一目了然，方便浏览者的浏览。本例首先是插入表格，设置表格的"填充"与"间距"，然后为表格设置背景图像，再插入嵌套表格，设置嵌套表格的背景颜色，最后在嵌套表格中输入栏目文字。完成效果如图 6-30 所示。

图 6-30 完成效果

完成任务

Step 1 插入表格。新建一个网页文档，执行"插入"→"表格"命令，插入一个 1 行 8 列，宽为"778"像素的表格。

Step 2 设置表格。选中表格，在"属性"面板中将表格设置为"居中对齐"，"填充"和"间距"分别设置为"2"和"3"，如图 6-31 所示。

Step 3 设置表格背景图像。保持表格的选中状态，单击 [代码] 按钮，切换到"代码"视图，在 "<table width="778" border="0" align="center" cellpadding="2" cellspacing="3"" 后添加代码 "background="images/bj.jpg""，如图 6-32 所示。表示将名称为"bj"的 jpg 图像作为表格的背景图像。

图 6-31 设置表格

图 6-32 添加代码

Step 4 插入嵌套表格。单击 [设计] 按钮,切换到"设计"视图,依次在表格的 8 个单元格中插入一个 1 行 1 列的嵌套表格。在"属性"面板中将嵌套表格的"宽"设置为"100%",将"填充"、"间距"、"边框"全部设置为"0",将"背景颜色"设置为黄色(#EECF74),如图 6-33 所示。

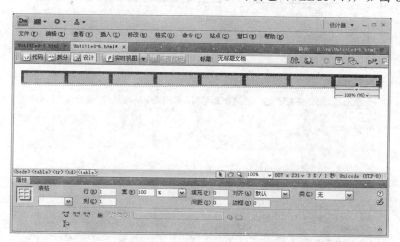

图 6-33 插入嵌套表格

Step 5 输入文字。分别在插入的嵌套表格中输入文字,然后将输入的文字设置为居中对齐,如图 6-34 所示。

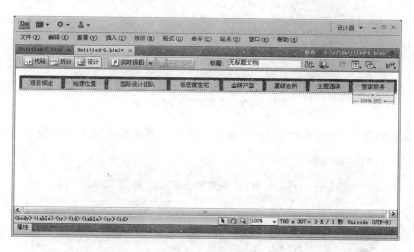

图 6-34 输入文字

Step 6 插入另一个表格。将光标放置于第一个表格之外,执行"插入"→"表格"命令,插入一个 1 行 1 列,宽为"778"像素的表格。选中表格,在"属性"面板中将表格设置为"居中对齐"、"填充"和"间距"分别设置为"2"和"3",如图 6-35 所示。

Step 7 设置表格背景颜色。将光标放置于表格中,在"属性"上将表格的背景颜色设置为黄色(#FFCC00),如图 6-36 所示。

图 6-35　插入另一个表格

图 6-36　设置表格背景颜色

Step 8　插入图像。执行"插入"→"图像"命令，在表格中插入一幅图像，如图 6-37 所示。

图 6-37　插入图像

Step 9　预览网页。按"Ctrl+S"组合键保存页面，执行"文件"→"在浏览器中预览"→"iexplore"命令，或按"F12"键预览网页，效果如图 6-30 所示。

归纳总结

本例讲述了利用表格属性制作隔距边框表格的操作方法。在制作过程中需要注意的是，设置表格背景图像时，在"属性"面板中是不能直接操作的，Dreamweaver CS4 已经没有这项功能了。要设置表格背景图像需要在"代码"视图中添加代码"background="images/xxx.jpg""，其中"xxx.jpg"就是为表格设置的背景图像名称。

6.3.2　任务 2——使用表格与图像制作汽车网页

任务要求

"爱车网"要求为其设计制作一个首页，要求其首页不但要体现清新、明快的风格，还要突出大气、优雅的特点，浏览者在访问网站时不会眼花缭乱，能轻松方便地找到自己需要的信息。

任务分析

本实例在设计制作时，根据客户的要求，在网页配色方面，不宜选用过于阴暗的颜色。因为是针对购车的用户，所以选用灰色为网页底色，同时与白色搭配。网页上表达汽车信息的文字不宜过大或过小，过大会显得突兀；过小则让浏览者阅读起来感到吃力。网站页面布局可以采用较经典的商业网站布局，用图片来进行分割，不但美观，而且让浏览者觉得页面很简洁，可以很容易地了解到关于汽车的各种信息。

任务设计

本例制作一个汽车网页，首先将网页背景颜色设置为灰色，然后插入表格，输入文字制作网页导航，最后通过使用表格与插入图像来制作汽车网页的主体内容。完成后的效果如图 6-38 所示。

图 6-38　完成效果

完成任务

Step 1 设置网页背景颜色。新建一个网页文件，单击"属性"

面板上的 页面属性... 按钮，弹出"页面属性"对话框后，在"背景颜色"文本框中输入 "#eeeeee"，如图 6-39 所示。完成后单击 确定 按钮。

Step 2 插入表格。执行"插入"→"表格"命令，插入一个 2 行 1 列，宽为"780"像素的表格，并在"属性"面板中将其对齐方式设置为"居中对齐"，"填充"和"间距"都设置为"0"，表格效果如图 6-40 所示。

图 6-39 设置网页背景颜色   图 6-40 插入表格

Step 3 输入文本。在"属性"面板中将表格第 1 行单元格的高度设置为"31"，背景颜色设置为"#B98452"，然后在单元格中输入如图 6-41 所示的文本，文本颜色为"白色"，大小为"12"像素。

Step 4 插入图像。将表格第 2 行单元格拆分为两列，然后将光标放置于拆分后的左列单元格中，执行"插入"→"图像"命令，在单元格中插入一幅图像，如图 6-42 所示。

图 6-41 输入文本   图 6-42 插入图像

Step 5 拆分单元格。将光标放置于第 2 行右列单元格中，执行"修改"→"表格"→"拆分单元格"命令，弹出"拆分单元格"对话框后，在对话框中选择把单元格拆分为 8 行，如图 6-43 所示，完成后单击 确定 按钮。

Step 6 插入"最新车闻"图像。将光标放置于拆分后的第 1 行单元格中，执行"插入"→"图像"命令，在单元格中插入一幅图像，如图 6-44 所示。

Step 7 输入"新闻"文本。将第 2 行～第 6 行单元格的高度设置为"23"像素，然后在这些单元格中分别输入文本，文本大小为"12"像素，如图 6-45 所示。

图 6-43 拆分单元格

图 6-44 插入"最新车闻"图像

图 6-45 输入"新闻"文本

Step 8 插入"新车图库"图像。将光标放置于第 7 行单元格中，执行"插入"→"图像"命令，在单元格中插入一幅图像，如图 6-46 所示。

Step 9 插入"新车"图像并输入文本。将光标放置于第 8 行单元格中，执行"插入"→"图像"命令，在单元格中插入一幅图像，然后将其设置为相对于单元格居中对齐，并在图像下方输入文本，如图 6-47 所示。

图 6-46 插入"新车图库"图像

图 6-47 插入"新车"图像并输入文本

Step 10 插入第 2 个表格。在网页文档空白处单击鼠标左键，执行"插入"→"表格"命令，插入一个 1 行 5 列，宽为"780"像素的表格，并在"属性"面板中将其对齐方式设置为"居中对齐"，

"填充"和"间距"都设置为"0",如图 6-48 所示。

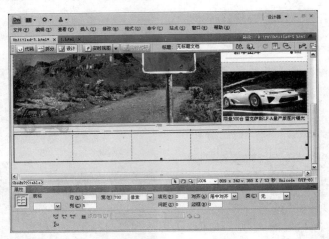

图 6-48　插入第 2 个表格

Step 11　插入多个图像。将第 2 个表格的第 1 列~第 5 列单元格的背景颜色设置为"白色",然后分别在第 1 列~第 5 列单元格中插入图像,如图 6-49 所示。

图 6-49　分别在单元格中插入图像

Step 12　设置边距。单击"属性"面板上的 页面属性... 按钮,弹出"页面属性"对话框后,在"上边距"和"下边距"文本框中都输入"0",如图 6-50 所示。完成后单击 确定 按钮。

Step 13　浏览网页。按"Ctrl+S"组合键保存页面,然后按"F12"键浏览网页,欣赏汽车网页完成效果,如图 6-38 所示。

归纳总结

在网页设计中,仅仅通过文字和图片简单排列是不能够制作出错落有序、布局精致的漂亮网页的,通过本例的学习,读者可以制作出许多复杂的页面布局,配合文字和精美的图片,制作出优秀的网页。

图 6-50 设置边距

6.4 知识链接

6.4.1 表格的排序

在 Dreamweaver CS4 中，允许对表格的内容以字母和数字进行排序。对表格内容进行排序可按如下操作步骤进行。

Step 1 选定需要排序的表格，如图 6-51 所示。

Step 2 执行"命令"→"排序表格"命令，打开如图 6-52 所示的对话框。

图 6-51 选定表格

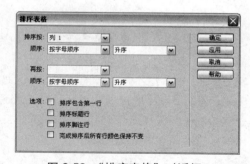

图 6-52 "排序表格"对话框

Step 3 "排序按"下拉列表中列出了选定表格的所有列。这里选择第 2 列"语文"。

Step 4 在"顺序"下拉列表中选择"按字母顺序"或"按数字顺序"。当列的内容是数字时，选择"按字母排序"可能会产生如下的顺序：2，20，3，30，4，因此这种排序方式不一定按照数字的大小来排序。

Step 5 在"升序"下拉列表中选择按"升序"或"降序"排列。

Step 6 在"再按"下拉列表中，可以选择作为第二排序依据的列。同样，也可以在"顺序"下拉列表中设置排序方式。

Step 7 在"选项"区域中，可以选择"排序包含第一行"、"排序标题行"、"排序脚注行"和"完成排序后所有行颜色保持不变"复选框，可根据需要进行设置。

Step 8 设置完成后，单击 确定 按钮，表格即被排序。图 6-53 所示是一个把第 2 列（也就是"语文"列）按升序排列后的表格。

6.4.2 导入和导出表格数据

Dreamweaver CS4 能与其他文字编辑软件进行数据交换。在其他软件中创建的表格数据能导入 Dreamweaver 转化为表格，同样也能将 Dreamweaver 中的表格数据导出。

1. 导入表格数据

我们将如图 6-54 所示的.txt 格式的文本导入到 Dreamweaver CS4 中，操作步骤如下。

图 6-53　排序后的表格

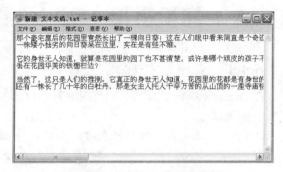

图 6-54　将要导入的表格数据

Step 1 执行"文件"→"导入"→"表格式数据"命令，会弹出如图 6-55 所示的"导入表格式数据"对话框。

Step 2 单击"数据文件"文本框右侧的 浏览… 按钮，弹出"打开"对话框后，选择要导入的数据文件。

Step 3 在"定界符"的下拉列表中，选择导入的文件中所使用的分隔符。

Step 4 在表格宽度选区中选择"匹配内容"或"指定宽度"单选项。点选"匹配内容"单选项，创建的表格列宽可以调整到容纳最长的句子；点选"指定宽度"单选项，系统以占浏览器窗口的百分比或像素为单位指定表格的宽度。

Step 5 在"单元格边距"文本框里输入单元格内容与单元格边框之间的距离，以像素为单位。

Step 6 在"单元格间距"文本框里输入单元格与单元格之间的距离，以像素为单位。

Step 7 单击"格式化首行"右侧的下拉按钮，打开下拉列表，其中包括"无格式"、"粗体"、"斜体"、"加粗斜体" 4 项，选择其中一项。

Step 8 设置完成后，单击 确定 按钮，即可导入数据，如图 6-56 所示。

2. 导出表格数据

导出表格数据的操作步骤如下。

Step 1 将光标放置到要导出数据的表格中。

图 6-55　"导入表格式数据"对话框

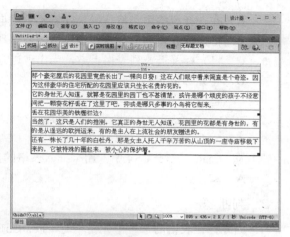

图 6-56　导入数据

Step 2　执行"文件"→"导出"→"表格"命令,会弹出如图 6-57 所示的对话框。

Step 3　在"定界符"下拉列表中选择分隔符。这里包括"空白键"、"逗号"、"分号"、"冒号"4 项。

Step 4　在"换行符"下拉列表中选择将要导出文件的操作系统。这里包括"Windows"、"Mac"、"UNIX"3 种。

Step 5　单击 ▭导出▭ 按钮,打开"表格导出为"对话框,如图 6-58 所示。

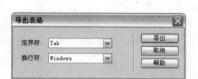

图 6-57　"导出表格"对话框

图 6-58　"表格导出为"对话框

Step 6　在"文件名"文本框中输入导出文件的名称。

Step 7　单击 ▭保存(S)▭ 按钮,表格数据文件即被导出了。

▌6.5▌ 自我检测

1. 选择题

(1) 下列说法错误的是( )。

A. 在一行表格中，按住鼠标左键不放横向拖动可以选中整行表格

B. 将光标放置到一行表格的左边，当出现选定箭头时，单击鼠标左键，即可选中整行表格

C. 将光标置于一列表格上方，当出现选定箭头时，单击鼠标左键，即可选中整列表格

D. 将光标放置到任意一个单元格中，然后单击文件窗口左下角的 `<table>` 标签，即可选中整个表格

（2）在 Dreamweaver CS4 中为表格添加一行的操作快捷键是（　　　）。

　　A. Ctrl+Alt+S　　　　B. Ctrl+M　　　　　C. Ctrl+Shift+A　　　　D. Ctrl+Shift+M

（3）在 Dreamweaver CS4 中，用来插入表格的按钮是（　　　）。

　　A. 　　　　　　B. 　　　　　　C. 　　　　　　D.

2. 判断题

（1）当光标在表格的一个单元格中时，按"Ctrl+Alt+M"组合键可以将光标移到下一个单元格中。（　　　）

（2）先选定表格的整行或整列，再按"Delete"键也可删除行或列。（　　　）

（3）在表格的"属性"面板中，　按钮表示将表格宽度的单位转换成像素。（　　　）

（4）将光标放置到单元格内，执行"修改"→"表格"→"插入行"命令可以添加一行。（　　　）

3. 上机题

（1）创建一个表格，并输入内容，然后为表格排序。

（2）在文档中插入一个 3 行 5 列的表格，然后在表格中插入一个 2 行 3 列的嵌套表格。

（3）请应用本章中学习的知识，制作一个如图 6-59 所示的网页。

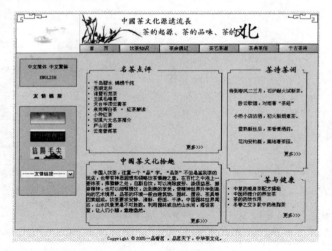

图 6-59　网页效果

操作提示如下。

Step 1　新建一个网页文件，然后将网页的背景颜色设置为灰色。

Step 2　通过调整"单元格填充"与"单元格间距"，利用表格边框与单元格边框设置表格样式制作出细线表格。

Step 3　分别在细线表格中插入图像并输入文字。

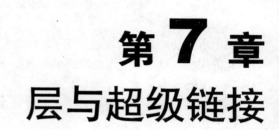

第 **7** 章
层与超级链接

📖 **本章要点**

- 层的特点
- 层的基本操作
- 超级链接
- 使用层创建网页特殊文字效果
- 运用电子邮件链接与下载链接创建网页

　　在设计网页时，如果按以前的布局方式，想在网页中的任意位置添加图像、文本、表格，就必须经过一些特殊的编辑来完成，但是如果利用本章介绍的层，就方便多了，只需通过拖动鼠标，按键盘上的方向键或指定坐标位置，就可以轻松地插入对象。

　　网页成为网络中的一员，都是超级链接的功劳，如果没有超级链接，它就成了孤立文件，无人问津。因此要学习网站设计先应学习好超级链接的建立。本章就介绍了层与超级链接在网页中的应用。希望读者通过对本章内容的学习，掌握层的创建方法与基本操作，以及超级链接的创建方法等。

7.1 层的特点

层在网页中有以下几个特点。

（1）层的可浮动性。

利用层的可浮动性，可以在网页中任意定位表格、文本、图像或其他在 HTML 文档正文中放置的对象，框架除外。

（2）层的可隐藏性。

利用层的可见属性，可以指定层显示或隐藏，结合显示或隐藏层行为命令可完成下拉菜单的制作。

（3）层的可重叠性。

层的重叠功能，可以显现出在层中添加的对象的错落效果。排列层时，可以通过"层"面板来调节对象的层叠顺序，Z 值越大，离我们越近，Z 值最大的层显示在最上方。

（4）层的可剪切性。

利用层的可剪切性，可以将层中对象多余的部分裁剪掉，或指定在层中显示的区域。

（5）层的可滚动性。

利用该特性，可以通过滚动条显示出更多的内容。

层的这些特性，大大增强了 Dreamweaver 中网页布局的灵活性，也是许多专业设计人员偏向使用 Dreamweaver 布局网页的一个原因。

7.2 层的基本操作

层是一种 HTML 页面元素，也叫 AP 元素，可以将它定位于页面上的任意位置。层可以包含文本、图像或其他任何可在 HTML 文档正文中放入的内容。

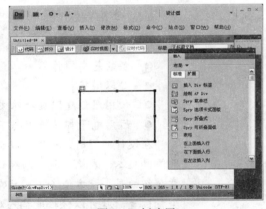

图 7-1　创建层

7.2.1 创建层

将"插入"面板切换到"布局"面板，单击"绘制 AP Div"按钮 ，这时光标变成"十"字形状，在文档窗口中拖动鼠标光标，即可绘制出一个层。执行"插入"→"布局对象"→"AP Div"命令，也可插入层，插入的层如图 7-1 所示。

> 提示：单击"布局"面板上的"绘制 AP Div"按钮 ，再按住"Ctrl"键不放，可以连续绘制多个层。

7.2.2 设置层参数

使用"首选参数"对话框中的"AP 元素"类别选项可确定层的默认设置。执行"编辑"→"首选参数"命令，打开"首选参数"对话框。在左侧的"分类"列表中选择"AP 元素"选项，如图 7-2

所示。对话框中的各项含义如下。

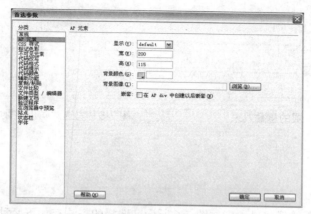

图 7-2　层的首选参数

- 显示：在该下拉列表中确定层在默认情况下是否可见，包括"default"、"inherit"、"Visible"、"Hidden" 4 项。
- 宽：在"宽"文本框中指定创建的层的默认宽度（以像素为单位）。
- 高：在"高"文本框中指定创建的层的默认高度（以像素为单位）。
- 背景颜色：在"背景颜色"文本框中指定创建层时默认的背景颜色，可以自己在文本框里输入颜色的代码，也可以单击小三角按钮在颜色选择器中选择颜色。
- 背景图像：在"背景图像"文本框中输入创建层时默认的背景图像的路径，也可单击 浏览... 按钮在本机上指定图像文件。
- 在 AP Div 中创建以后嵌套：选择此复选框，则可以通过直接在一个层窗口内部绘制层的方法创建嵌套层。

7.2.3　层面板

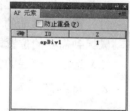

图 7-3　"AP 元素"面板

"层"面板也叫"AP 元素"面板，通过"层"面板可以管理文档中的层，防止层重叠，更改层的可见性，以及选择多个层。

执行"窗口"→"AP 元素"命令，或者按"F2"键，即可打开"层"面板，如图 7-3 所示。其中各项参数的含义如下。

- 防止重叠：勾选该复选框，表示创建层时各层不能叠加重叠。在创建嵌套层时，就不能选中此复选框。
- ![eye]：当该图标为一只睁开的眼睛时，表示显示该层；当为一只闭合的眼睛 ![eye] 时，表示隐藏该层。
- ID：显示层的名称，双击层可更改层的名称。
- Z：在该列中可以更改层堆叠顺序，层在"Z"列中的编号高，就排在上层，反之，就排在下层。

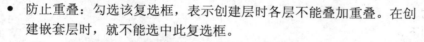

提示：当未勾选"防止重叠"复选框时，我们可以在层上重叠多个层，各重叠部分以虚线表现，如图 7-4 所示；当勾选"防止重叠"复选框时，并不改变选中该选项前已经重叠的层，只是对设置后将要绘制的层或拖动的层起作用，如图 7-5 所示。

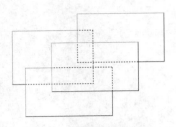

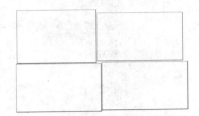

图 7-4　层的重叠效果　　　　图 7-5　勾选"防止重叠"后的效果

7.2.4　编辑层

1．选择层

选取的层以蓝色加粗的形状显示，如图 7-6 所示。选择的方法有如下两种。

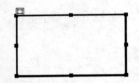

图 7-6　选取的层

（1）在层的边框上单击，层周围出现控制点和加粗的蓝色框时表示已被选取。

（2）在"层"面板中单击要选取的层的名称。

2．选择多层

多层的选取有以下两种。

（1）按住"Shift"键，在要选取的层中或层边框上单击即可选取单击的多个层。

（2）按住"Shift"键，在层面板中单击要选取的多个层的名称即可。

3．移动层

层具浮动性，因此在编辑层时会经常移动层，其方法有如下两种。

（1）选取要移动的一个层或多个层，将鼠标光标移到层的边框上，当鼠标光标变为 ✛ 形状时，拖动鼠标到需要的位置即可。

（2）选取嵌套层的父层，则被父层嵌套的所有子层都跟随父层一起移动。

4．对齐层

在设计网页时常需要将某些层在某个方向上对齐。在进行层的对齐操作时，所有子层的位置都会随其父层进行相应的移动。

对齐层的操作步骤如下。

Step 1　选取要对齐的所有层。

Step 2　选择"修改"→"排列顺序"菜单项中的"左对齐"、"右对齐"、"对齐上缘"和"对齐下缘"命令即可。

也可直接在多层属性中设置左和上的值，来确定左对齐和上部对齐。

5．重设层的大小

在 Dreamweaver CS4 中，可以调整单个层的大小，也可以同时调整多个层的大小，以使它们具有相同的宽度和高度。如果已经选中"防止重叠"复选框，那么在调整层的大小时将无法使该层与另一

个层叠加。

（1）调整单个层的大小。

调整单个层的大小的操作步骤如下。

Step 1　选定一个层。

Step 2　执行以下方法之一，可调整层的大小。

- 拖动该层的任意大小调整柄，如图 7-7 所示。
- 在按住"Ctrl"键的同时，用键盘上的方向键来调整层的大小，一次
  图 7-7　调整层的大小
  只能调整一个像素的大小。注意：此方法只能移动层的右边框和下边框，不能使用上边框和
  左边框来调整大小。

（2）调整多个层的大小。

调整多个层的大小的操作步骤如下。

Step 1　选择两个或更多的层。

Step 2　执行以下方法之一，可调整多个层的大小。

- 执行"修改"→"对齐"命令，在弹出的子菜单中选择"设成宽度相同"或"设成高度相同"
  命令。注意：首先选定的层符合最后一个选定层（蓝色突出显示）的宽度或高度。
- 在"属性"面板上的"宽"和"高"文本框中输入宽度与高度值，如图 7-8 所示，这些值将应
  用于所有选定层。

图 7-8　多个层的"属性"面板

▌7.3▌ 超级链接

超级链接简称超链接，它是网页中用于从一个页面跳转到另一个页面或从页面中的一个位置跳转
到另一个位置的途径和方式。超级链接使得一个独立的页面与庞大的网络紧密相联，通过任何一个页
面都可以直达链接到的其他页面。正是超级链接的广泛应用，才使得因特网成为四通八达的信息网络。
可以说，超级链接是网络最显著的特点。

超级链接的表现形式有多种，如文本链接、图像链接、多媒体链接等，但它们在实质上非常类似。

7.3.1　URL 简介

URL（Uniform Resource Locator）中文翻译为统一资源定位器。URL 是 Internet 上用来描述信息资
源的字符串。一个 URL 分为 3 个部分：协议代码、装有所需文件的计算机地址和主机资源的具体地址。

- Internet 资源类型（scheme）：指出 WWW 客户程序用来操作的工具。例如，"http://"表示 WWW
  服务器，"ftp://"表示 FTP 服务器，"gopher://"表示 Gopher 服务器，而"new:"表示 Newgroup
  新闻组。
- 服务器（host）地址：指出 WWW 页所在的服务器域名。

- 端口（port）：对某些资源的访问来说，需给出相应的服务器提供端口号。
- 路径（path）：指明服务器上某资源的位置。

URL 地址格式排列为 "scheme://host:port/path"。例如，"http://www.try.org/pub/HXWZ" 就是一个典型的 URL 地址。客户程序首先看到 "http"（超文本传送协议），便知道处理的是 HTML 链接。接下来的 "www.try.org" 是站点地址，最后是目录 "pub/HXWZ"。而在 "ftp://ftp.try.org/pub/HXWZ/cm9612a.GB" 中，WWW 客户程序需要用 FTP 去进行文件传送，站点是 "ftp.try.org"，然后在目录 "pub/HXWZ" 中下载文件 "cm9612a.GB"。

如果上面的 URL 是 "ftp: //ftp. try. org:8001/pub/HXWZ/cm9612a.GB"，则 FTP 客户程序将从站点 "ftp.try.org" 的 "8001" 端口连入。

> **注意：** WWW 上的服务器都是区分大小写字母的，所以，千万要注意正确的 URL 大小写表达形式。

7.3.2　超级链接路径

超级链接的方式有相对链接和绝对链接两种。超级链接的路径即是 URL 地址。完整的 URL 路径如 "http://www.snsp.com:1025/support/retail/contents.html#hello"。

当制作本地链接（即同一个站点内的链接）时，不需指明完整的路径，只需指出目标端点在站点根目录中的路径，或与链接源端点的相对路径。当两者位于同一级子目录中时，只需要指明目标端点的文件名即可。

一个站点中经常遇到的有以下 3 种类型的文件路径。

- 绝对路径（如 http://www.macromedia.com/support/dreamweaver/contents.html）。
- 相对于文档的路径（如 contents.html）。
- 相对于根目录的路径（如/web/contents.html）。

1. 绝对路径

绝对路径提供链接目标端点所需的完整 URL 地址。绝对路径常用于在不同的服务器端建立链接。如希望链接其他网站上的内容，就必须使用绝对路径进行链接，如要将 "新浪" 文本链接到新浪网站，就需要绝对路径：http://www.sina.com.cn。

采用绝对路径的优点是它与链接的源端点无关。只要网站的地址不变，不管链接的源端文件在站点中如何移动，都能实现正常的链接。

采用绝对路径的缺点就是不方便测试链接，如要测试站点中的链接是否有效，必须在 Internet 服务器上进行测试。并且绝对链接不利于站点文件的移动，当链接目标端点中的文件位置改变后，与该文件存在的所有链接都必须进行改动，否则链接失效。

绝对路径的情况有以下几种。

- 网站间的链接，如 http://www.cdsixian.cn。
- 链接 FTP，如 ftp://192.168.1.11。
- 文件链接，如 file://d:/网站/web/index1.html。

2. 相对文档路径

相对链接用于在本地站点中的文档间建立链接。使用相对路径时不需给出完整的 URL 地址，只

需给出源端点与目标端点不同的部分。在同一个站点中都采用相对链接。当链接的源端点和目标端点的文件位于同一目录下时，只需要指出目标端点的文件名即可。当不在同一个父目录下时，需将不同的层次结构表述清楚，每向上进一级目录，就要使用一次"/"符号，直到相同的一级目录为止。

例如，源端文件"aa.htm"的地址为"…/web/chan/aa.htm"，目标端文件"aa2.htm"的地址为"…/web/chan/aa2.htm"，它们有相同的父目录"web/chan"，则它们之间的链接就只需要指出文件名"aa2.htm"即可。但如果链接的目标端文件地址为"…/web/chan2/aa2.htm"，则链接的相对地址应记为"chan2/aa2.htm"。

由上可知，相对路径间的相互关系并没有发生变化，因此当移动整个文件夹时就不用更新该文件夹内使用基于文档相对路径建立的链接。但如果只是移动其中的某个文件，则必须更新与该文件相链接的所有相对路径。

 提示：如果是在站点面板中移动文件，系统会提示是否需要更新链接路径。单击更新按钮就不再需要逐一去更改了。

如果要在新建的文档中使用相对链接，必须在链接前先保存该文档，否则 Dreamweaver 将使用绝对路径。

3．相对站点链接

站点根目录相对路径是绝对路径和相对文档路径的折中。它的所有路径都从站点的根目录开始表示，通常用"/"表示根目录，所有路径都从该斜线开始。例如，"/web/aal.htm"，其中，"aal.htm"是文件名，"web"是站点根目录下的一个目录。

基于根目录的路径适合于站点中的文件需要经常移动的情况。当移动的文件或更名的文件含有基于根目录的链接时，相应的链接不用进行更新。但是，如果移动的文件或更名的文件是基于根目录链接的目标端点时，须对这些链接进行更新。

7.3.3　网站内部链接

一个网站通常会包含多个网页，各个网页之间可以通过内部链接使得彼此之间产生联系。在 Dreamweaver CS4 中，可以为文本或图片创建内部链接。设置内部链接的具体步骤如下。

Step 1　选定要建立超级链接的文本或图像。

Step 2　打开"属性"面板，单击"链接"文本框右侧的文件夹按钮，打开"选择文件"对话框，如图 7-9 所示。或者在"链接"文本框中直接输入要链接内容的路径。

Step 3　选择一个需要链接的文件，单击 确定 按钮，这时便建立了链接。默认链接的文字以蓝色显示，还带有下划线，如图 7-10 所示。

图 7-9　"选择文件"对话框

娱乐网站

图 7-10　添加了链接的文字

7.3.4 网站外部链接

网站的外部链接就是指用户将自己制作的网页与 Internet 建立的链接。例如，要将页面中的文字与搜狐网站的主页建立超级链接，具体的操作方法与建立网站内部链接相同，只需选中网页中需要建立超级链接的文本，打开"属性"面板，在"链接"文本框中输入"http://www.sohu.com"即可。完成后单击设置了链接的文本，就可以跳转到搜狐网站的主页。

7.3.5 创建电子邮件链接

电子邮件链接是一种特殊的链接，使用 mailto 协议。在浏览器中单击邮件链接时，将启动默认的邮件发送程序。该程序是与用户浏览器相关联的。在电子邮件消息窗口中，"收件人"域自动更新为显示电子邮件链接中指定的地址。创建电子邮件链接的操作步骤如下。

Step 1 将光标放至需要插入电子邮件地址的位置。

Step 2 执行"插入"→"电子邮件链接"命令，打开"电子邮件链接"对话框，如图 7-11 所示。

Step 3 在"文本"文本框中输入邮件链接要显示在页面上的文本；在"E-mail"文本框中输入要链接的邮箱地址，如图 7-12 所示。

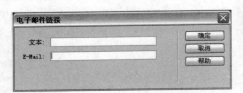

图 7-11 "电子邮件链接"对话框   图 7-12 输入文本及 E-mail 地址

Step 4 单击 确定 按钮，邮件链接就加到了当前文档中。使用"属性"面板创建电子邮件链接的方法是在文档窗口的"设计"视图中选择文本或图像。在属性面板的"链接"文本框中，输入"mailto:"，后面跟电子邮件地址。在冒号和电子邮件地址之间不能键入任何空格，如"mailto:2313@sina.com"。

7.3.6 创建空链接

我们有时制作网页只是为了测试一下页面，只要文本、图片等像是被加上了超级链接（而不一定是非得设置具体的链接）。这时，我们就需要创建空链接。

创建空链接的操作步骤如下。

Step 1 选中需要创建空链接的文本，如图 7-13 所示。

Step 2 在"属性"面板上的"链接"文本框里输入"#"，如图 7-14 所示。这就为"网易网站"这几个字创建了空链接。

Step 3 按照同样的方法为其他文本创建空链接。按"F12"键浏览，如图 7-15 所示。我们看到将光标指向链接对象时，光标会变成小手形状。这像是创建了超级链接时的情形，其实它并不链接到任何网页及对象。

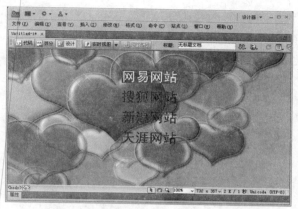

图 7-13　选中文本

图 7-14　在"链接"文本框里输入"#"

图 7-15　创建空链接

7.3.7　创建下载链接

当用户希望浏览者从自己的网站上下载资料时，就需要为文件提供下载链接。网站中的每一个下载文件必须对应一个下载链接。建立下载链接的操作步骤如下。

Step 1　在文档中选中指示下载文件的文本，如图 7-16 所示。

Step 2　打开"属性"面板，单击"链接"文本框右侧的文件夹 📁 按钮，打开"选择文件"对话框，如图 7-17 所示。在对话框中选择要链接的文件，这里选择的文件扩展名为".rar"。然后单击 确定 按钮，下载链接就建立了。

图 7-16　选中指示下载文件的文本

图 7-17　选择要链接的文件

Step 3 保存文件，按"F12"键浏览，单击链接文字，将弹出如图 7-18 所示的"文件下载"对话框。单击 保存(S) 按钮即可下载文件。

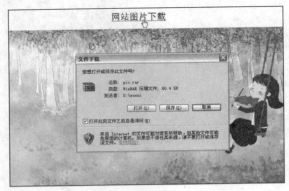

图 7-18 "文件下载"对话框

▌7.4▌ 应用实践

7.4.1 任务 1——使用层创建网页特殊文字效果

任务要求

金田房地产公司要求在其新楼盘网站上栏目频道的下方的图片上添加宣传语。

任务分析

要在图片上添加宣传语，宣传语的用词一定要想好，而且宣传语一定要醒目，加深浏览者的印象。如果直接在文档中输入文字，文字没有任何特殊效果，不能给浏览者留下深刻的印象。要完成金田房地产公司的要求，必须对宣传语应用特殊效果。

任务设计

Dreamweaver CS4 不是一个文字编辑软件，也不能直接在图片上输入宣传文字。要在图片上制作特殊文字效果，可以首先在网页中插入层，然后在层中输入宣传文字，最后通过复制并移动层来完成。完成后的效果如图 7-19 所示。

图 7-19 完成效果

完成任务

Step 1　打开网页。启动 Dreamweaver CS4，在"文件"面板中打开第 6 章任务 1 中为金田房地产公司制作的隔距边框表格，如图 7-20 所示。

Step 2　插入层。执行"插入"→"布局对象"→"AP Div"命令，在网页文档中插入一个层，并将其移动到栏目频道下方的图片上，如图 7-21 所示。

图 7-20　打开网页

图 7-21　插入层

Step 3　输入文字。将光标放置于层中，输入文字"今天您选择金田"，文字大小为"25"像素，字体为"微软简粗黑"，字体颜色为红色"#CC0000"，如图 7-22 所示。可以看到文字无任何特殊效果。

Step 4　粘贴层并更改文字颜色。选中层，执行"编辑"→"拷贝"命令。然后在文档空白处单击一下鼠标，执行"编辑"→"粘贴"命令，这样在文档窗口中就又出现了一个图层，不过目前它们重叠在一起，需要移动图层之后才能区分这两个图层。将其中一个层中的文字颜色改为黑色，如图 7-23 所示。

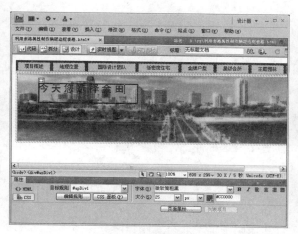

图 7-22　输入文字

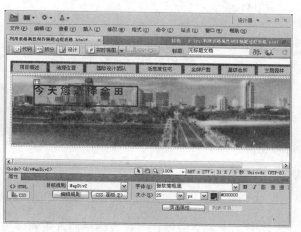

图 7-23　粘贴层并更改文字颜色

Step 5　移动层，制作阴影效果。选中一个层并用键盘上的方向键移动它，使两个层之间距离

相差几个像素，这样就能产生阴影效果，如图 7-24 所示。

    Step 6   完成宣传语制作。按照同样的方法使用层为"明天给您温暖的家园"制作阴影效果，如图 7-25 所示。

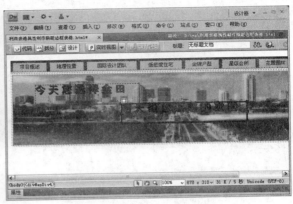

    图 7-24 移动层制作阴影效果   图 7-25 完成宣传语制作

    Step 7   浏览网页。执行"文件"→"保存"命令，保存文档。按"F12"键浏览网页，其效果可参考图 7-19。

归纳总结

    本例讲述了使用层创建网页特殊文字效果的操作方法。在制作过程中要注意，如果层不能重叠在一起，就要在"层"面板中取消"防止重叠"复选框的选中状态，否则创建层时各层不能叠加。

7.4.2   任务 2——运用电子邮件链接与下载链接创建网页

任务要求

    大新机械公司推出了一批新产品，需要将产品资料放在网站上供用户下载，并且用户可将建议直接发送邮件到公司客服部门的邮箱。为实现这些功能，需要专门做一个网页。

任务分析

    为使客户能从大新机械公司的网站上下载资料，就需要为文件提供下载链接。通过设置下载链接可以指向产品资料，让客户直接进行下载。要使用户能直接发送邮件到公司客服部门邮箱，可以创建电子邮件链接来直接调用可发送邮件的程序。

任务设计

    本例首先插入表格，再在表格中插入图像，然后通过表格与嵌套表格来制作网页主体部分，最后通过创建下载链接与电子邮件链接分别实现用户在网站上下载产品资料和给公司客服部门发送邮件的功能。完成后的效果如图 7-26 所示。

① 下载资料

② 发送邮件

图 7-26 完成效果

完成任务

Step 1 插入表格。新建一个网页文件，在"标题"栏中输入"大新机械——联系我们"，然后执行"插入"→"表格"命令，插入一个 2 行 1 列，宽"778"像素的表格，并在"属性"面板中将其对齐方式设置为"居中对齐"，"填充"和"间距"都设置为"0"，如图 7-27 所示。

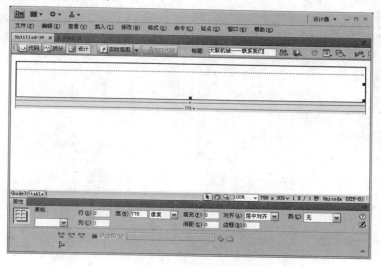

图 7-27 插入表格

Step 2 插入图像。将光标放置到第 1 行单元格中，执行"插入"→"图像"命令，将一幅图像插入单元格，如图 7-28 所示。

Step 3 输入文字。将光标放置到第 2 行单元格中，在"属性"面板上将单元格的背景颜色设置为蓝色（#18A2FD）。然后在单元格中输入文字，文字大小为"12"像素，颜色为白色，如图 7-29 所示。

图 7-28　插入图像

图 7-29　输入文字

Step 4　插入第 2 个表格。执行"插入"→"表格"命令，插入一个 1 行 2 列，宽"780"像素，边框粗细为"0"的表格，并在"属性"面板中将其背景颜色设置为灰色（#F1EBDF），对齐方式设置为"居中对齐"，"填充"和"间距"都设置为"0"，如图 7-30 所示。

Step 5　插入第 2 幅图像。将光标放置到左侧单元格中，在"属性"面板中将垂直对齐方式设置为"顶端"，将宽度设置为"142"像素，然后在该单元格中插入一幅图像，如图 7-31 所示。

图 7-30　插入第 2 个表格

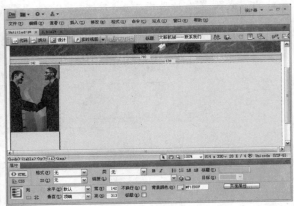

图 7-31　插入第 2 幅图像

Step 6　插入嵌套表格。将光标放置到右侧单元格中，插入一个 5 行 2 列，宽"632"像素的嵌套表格，然后在"属性"面板中将嵌套表格的背景颜色设置为灰色（#eeeeee），将"边框"、"填充"和"间距"都设置为"0"，如图 7-32 所示。

Step 7　插入第 3 幅图像。将嵌套表格第 1 行左右两列单元格合并，然后在合并后的单元格中插入图像，如图 7-33 所示。

Step 8　插入电子邮件链接。将光标放置在嵌套表格第 2 行右列单元格中，执行"插入"→"电子邮件链接"命令，打开"电子邮件链接"对话框。在对话框上的"文本"文本框中输入"单击此处给大新机械提建议"，在"E-mail"文本框中输入大新机械客户部门的电子邮箱地址，如图 7-34 所示。

完成后单击 确定 按钮。

Step 9　输入文字。在嵌套表格第 3 行右列单元格中输入文字，文字大小为"12"像素，颜色为黑色，如图 7-35 所示。

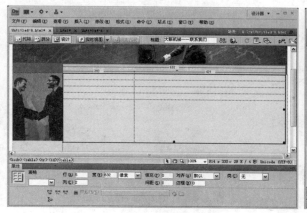

图 7-32　插入嵌套表格

图 7-33　插入第 3 幅图像

图 7-34　插入电子邮件链接

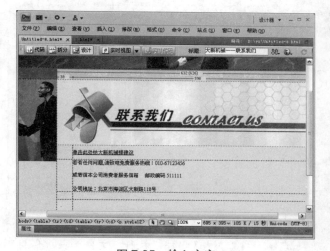

图 7-35　输入文字

Step 10　输入下载提示文字。在嵌套表格第 4 行右列单元格中输入文字"下载大新公司最新产品资料"，文字大小为"12"像素，颜色为黑色，如图 7-36 所示。

Step 11　选择产品资料文件。选中刚输入的文字，打开"属性"面板，单击"链接"文本框右侧的文件夹按钮 ，打开"选择文件"对话框。在对话框中选择要链接的产品资料文件，如图 7-37 所示。完成后单击 确定 按钮。

Step 12　输入文字。在嵌套表格第 5 行右列单元格中输入文字，文字大小为"12"像素，颜色为黑色，如图 7-38 所示。

Step 13　设置边距。单击"属性"面板上的 页面属性... 按钮，弹出"页面属性"对话框，

将"上边距"与"下边距"都设置为"0"。完成后单击 确定 按钮，如图 7-39 所示。

图 7-36　输入下载提示文字

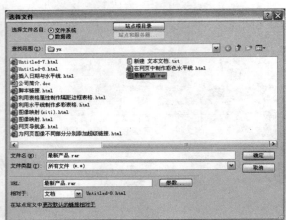

图 7-37　"选择文件"对话框

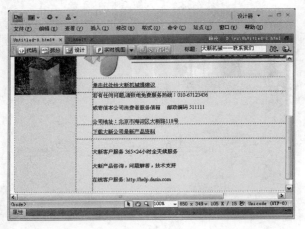

图 7-38　输入文字

图 7-39　"页面属性"对话框

Step 14 发送邮件。执行"文件"→"保存"命令，保存文档。按"F12"键浏览网页，如图 7-40 所示。当单击电子邮件链接时，将弹出"新邮件"对话框发送邮件，如图 7-26 右图所示。

Step 15 下载文件。单击创建了下载链接的文本时，将弹出"文件下载"对话框提示用户下载最新产品资料文件，如图 7-26 左图所示。

归纳总结

本例是通过电子邮件链接与下载链接创建网页，当用户希望浏览者从自己的网站上下载资料时，就需要为文件提供下载链接。网站中的每一个下载文件必须对应一个下载链接。下载链接一般是指向压缩文件（文件的扩展名为".rar"或者".zip"）和可执行文件（文件的扩展名为".exe"或者".com"）等。

图 7-40　浏览网页

7.5 知识链接

7.5.1 脚本链接

脚本链接将执行 JavaScript 代码或调用 JavaScript 函数。它非常有用，能够在不离开当前网页的情况下，为访问者提供有关某项的附加信息。脚本链接还可用于在访问者单击特定项时，执行计算、表单验证和其他处理的任务。

创建脚本链接的操作步骤如下。

Step 1　在文档窗口中，选择要创建脚本链接的文本、图像或其他对象。这里在文档窗口中输入文本"单击此处试试"，然后选中输入的文本，如图 7-41 所示。

图 7-41　选中文字

Step 2 打开"属性"面板，在"链接"文本框中输入"javascript"，后面添加一些 JavaScript 代码或函数调用。例如，这里输入"javascript:alert（'您好，欢迎光临本网站'）"，如图 7-42 所示。

图 7-42　创建脚本链接

Step 3 保存文件，按"F12"键浏览网页，当单击"单击此处试试"时，会弹出如图 7-43 所示的对话框。

图 7-43　弹出的对话框

7.5.2　锚记链接

我们在浏览网页时，当一个网页的内容很长，需要上下拖动滚动条来查看网页的内容时，就会觉得很麻烦。其实，使用命名锚记可以解决这个问题。命名锚记使用户可以在文档中设置标记，这些标记通常放在文档的特定主题处或顶部。然后可以创建到这些命名锚记的链接，这些链接可快速将浏览者带到指定位置。

创建到命名锚记的链接的过程分为两步。首先，创建命名锚记，然后创建到该命名锚记的链接。

1. 创建命名锚记

创建命名锚记的操作步骤如下。

Step 1 将光标放置到要创建命名锚记的位置，如页面顶部。

Step 2 执行"插入"→"命名锚记"命令，或者单击"常用"面板上的"命名锚记"按钮，打开如图 7-44 所示的对话框。

Step 3 在"锚记名称"文本框中输入锚记的名称。锚记名不能含有空格，如这里输入"abc"，然后单击　确定　按钮。

Step 4 这时可以在文档窗口中看到锚标记，如图 7-45 所示。如果看不到，则执行"查看" → "可视化助理" → "不可见元素"命令，使之可见。

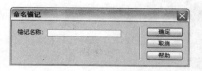

图 7-44 "命名锚记"对话框

图 7-45 锚标记

Step 5 锚标记在文档中的位置还可以通过鼠标拖动来改变。锚标记的名称也可以在"属性"面板中进行更改。

2. 链接到命名锚记

链接到命名锚记的操作步骤如下。

Step 1 在网页文档中选择要建立链接的文本或图像。这里选择文档底部的文本，如图 7-46 所示。

图 7-46 选择链接文本

Step 2　打开"属性"面板，在"链接"文本框中输入锚记名称及其相应前缀。如果目标锚记位于当前文档，则在"链接"文本框中先输入"#"再输入链接的锚记名称。如果目标锚记位于其他文档中，则先输入该文档的 URL 地址和名称，再输入"#"，最后输入链接的锚记名称。此处目标锚记位于当前文档中，在"链接"文本框中输入"#abc"，如图 7-47 所示。

图 7-47　输入"#"及链接的锚记名称

Step 3　按"F12"键进行浏览，单击链接的文字即可回到页面顶部，如图 7-48 所示。

① 单击链接的文字　　　　　　　　② 回到页面顶部

图 7-48　浏览网页

▌7.6▌ 自我检测

1. 填空题

（1）使用"首选参数"对话框中的＿＿＿＿＿类别选项可确定层的默认设置。

（2）"层"面板中的＿＿＿＿＿决定层在网页中的堆叠次序。

（3）按＿＿＿＿＿＿键可以快速打开"层"面板。

（4）按住＿＿＿＿＿＿键，在层面板中单击要选中的多个层的名称即可选中多个层。

（5）绝对路径使用完整的＿＿＿＿＿来书写链接路径。

2. 判断题

（1）单击"布局"面板上的"绘制 AP Div"按钮 ，再按住"Ctrl"键不放，可以连续绘制多个层。（　　）

（2）当"层"面板上的图标为　　时，表示已将该层删除。（　　　）

（3）在网站的内部链接中可以链接到"http://www.163.com"。（　　　）

（4）网站的外部链接是相对于内部链接而言的，就是指用户将自己制作的网页与 Internet 建立的链接。（　　　）

（5）在 Dreamweaver CS4 中，可以为文本或图片创建内部链接。（　　　）

3．上机题

（1）在文档中创建两个层，并将这两个层对齐下缘。

（2）在文档页面中插入 E-mail 链接，并在 E-mail 地址中输入自己的电子邮箱地址。

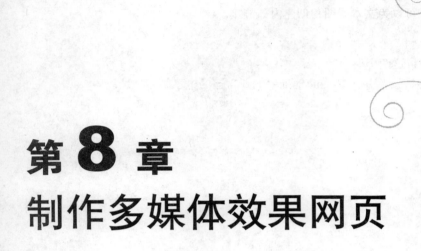

第8章
制作多媒体效果网页

📖 **本章要点**

- 认识多媒体
- 插入 Flash 动画
- 插入声音
- 插入 ActiveX 控件
- 制作透明动画网页
- 创建网页视频

随着网络的迅速发展，多媒体在网络中占了很大的比例，并且出现了许多专业性的网站，如课件网、音乐网、电影网、动画网等，这些都属于多媒体的范围。除专业网站外，许多企业、公司的网站中都多少有一些 Flash 动画、公司的宣传视频等。门户网站，如搜狐、雅虎、网易等，都有专门的板块放置多媒体供访问者使用。有了文字和图像，网页还不能做到有声有色。只有适当地加入各种对象，网页才能够成为多媒体的呈现平台甚至交互平台。本章全面介绍在 Dreamweaver 中嵌入各种具备特殊功能的对象的操作方法。希望读者通过对本章内容的学习，能掌握多媒体对象的插入等知识。

▋8.1 ▋ 认识多媒体

多媒体的英文单词是 Multimedia，它由 media 和 multi 两部分组成。一般理解为多种媒体的综合。

多媒体技术不是各种信息媒体的简单复合，它是一种把文本（Text）、图像（Images）、动画（Animation）和声音（Sound）等形式的信息结合在一起，并通过计算机进行综合处理和控制，能支持一系列交互式操作的信息技术。

在 Dreamweaver CS4 中，可以将 Flash 动画、声音文件以及 ActiveX 控件等多媒体对象插入网页文件中。

▋8.2 ▋ 插入 Flash 动画

当我们为一家公司做好了形象宣传动画或广告时，为了使其与网站内容连接，需要将 Flash 动画插入到 Dreamweaver 中。Flash 是矢量化的 Web 交互式动画制作工具，Flash 动画制作技术已成为交互式网络矢量图形动画制作的标准。在网页中插入 Flash 动画会使页面充满动感。插入 Flash 文件的具体操作步骤如下。

Step 1　在文档窗口中，将光标放到要插入 Flash 文件的位置。

Step 2　执行"插入"→"媒体"→"SWF"命令，或按"Ctrl+Alt+F"组合键，打开"选择文件"对话框，如图 8-1 所示。

Step 3　在对话框中选择 Flash 文件，单击 确定 按钮，将文件图标插入到文档中，如图 8-2 所示。

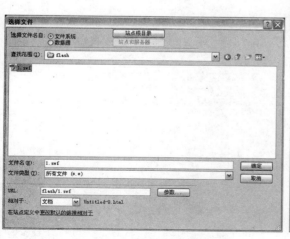

图 8-1　"选择文件"对话框

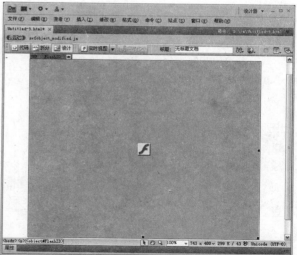

图 8-2　插入 Flash 文件

Step 4　保存文件，按"F12"键浏览动画，此时动画会自动播放，如图 8-3 所示。

图 8-3　浏览动画

8.3 插入声音

制作与众不同、充满个性的网站，一直是网站制作者不懈努力的目标。除了尽量增强页面的视觉效果、互动功能以外，如果打开网页的同时，能有一曲优美动人的音乐，相信会使网站增色不少。

为网页添加背景音乐的方法一般有两种，第一种是通过普通的 bgsound 标记来添加，另一种是通过 embed 标记来添加。

1. 使用 bgsound 标记

用 Dreamweaver CS4 打开需要添加背景音乐的页面，单击 代码 按钮切换到"代码"视图，在"<body>"与"</body>"之间输入"<bgsound"，如图 8-4 所示。

在"<bgsound"代码后按空格键，代码提示框会自动将 bgsound 标记的属性列出来供用户选择，bgsound 标记共有 5 个属性，如图 8-5 所示。

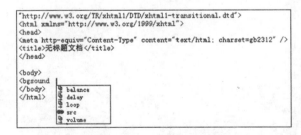

```
"http://www.w3.org/TR/xhtml1/DTD/xhtml1-transitional.dtd">
<html xmlns="http://www.w3.org/1999/xhtml">
<head>
<meta http-equiv="Content-Type" content="text/html; charset=gb2312" />
<title>无标题文档</title>
</head>

<body>
<bgsound |
</body>
</html>
```

图 8-4　输入代码

```
"http://www.w3.org/TR/xhtml1/DTD/xhtml1-transitional.dtd">
<html xmlns="http://www.w3.org/1999/xhtml">
<head>
<meta http-equiv="Content-Type" content="text/html; charset=gb2312" />
<title>无标题文档</title>
</head>

<body>
<bgsound
</body>        balance
</html>         delay
                loop
                src
                volume
```

图 8-5　bgsound 代码提示框

其中"balance"是设置音乐的左右均衡；"delay"是进行播放延时的设置；"loop"是循环次数的控制；"src"则是音乐文件的路径；"volume"是音量设置。一般在添加背景音乐时，我们并不需要对音乐进行左右均衡以及延时等设置，只需设置几个主要的参数就可以了，示例代码如下。

```
< bgsound src="music.mid" loop="-1">
```

其中，"loop="-1""表示音乐无限循环播放，若要设置播放次数，则改为相应的数字即可。按"F12"键浏览网页，就能听见悦耳动听的背景音乐了。

2. 使用 embed 标记

使用 embed 标记来添加音乐的方法并不是很常见，但是它的功能非常强大，结合一些播放控件就可以打造出一个 Web 播放器。

用 Dreamweaver CS4 打开需要添加背景音乐的页面，单击 代码 按钮切换到"代码"视图，在"<body>"与"</body>"之间输入"<embed"。

在"<embed"代码后按空格键，代码提示框会自动将 embed 标记的属性列出来供用户选择使用，如图 8-6 所示。从图中可看出 embed 的属性比 bgsound 的 5 个属性多一些，示例代码如下。

<embed src="111.wma" autostart="true" loop="true" hidden="true"></embed>，如图 8-7 所示。

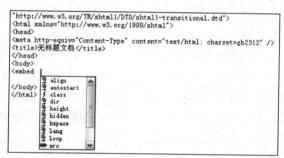

图 8-6　embed 代码提示框

图 8-7　插入代码

其中"autostart"用来设置打开页面时音乐是否自动播放，而"hidden"用来设置是否隐藏媒体播放器。因为 embed 实际上类似一个 Web 页面的音乐播放器，所以如果没有隐藏，则会显示出系统默认的媒体插件。

若设置为不隐藏媒体播放器，当按"F12"键浏览网页时，就能看见音乐播放器，并能听见音乐，效果如图 8-8 所示。

图 8-8　音乐播放器

8.4　插入 ActiveX 控件

ActiveX 控件是可以充当浏览器插件的可重复使用的组件，它犹如缩小化的应用程序，能够产生和浏览器插件一样的效果。ActiveX 控件在 Windows 系统中的 Internet Explorer 中运行，但不能在 Macintosh 系统中或 Netscape Navigator 中运行。Dreamweaver 中的 ActiveX 对象允许用户在网页访问者的浏览器中为 ActiveX 控件设置属性和参数。

Dreamweaver CS4 使用 object 标记来标识网页中 ActiveX 控件出现的位置，并为 ActiveX 控件提供参数。

在文档窗口中，将光标放到要插入 ActiveX 控件的位置，在"常用"面板中单击 按钮，从下拉菜单中选择 按钮，或者执行"插入"→"媒体"→"ActiveX（C）"命令，在文档页面上将会出

现一个  图标,它标记出 ActiveX 控件在页面中的位置。

在插入 ActiveX 控件后,即可使用"属性"面板设置 object 标记的属性以及 ActiveX 控件的参数。Active X 控件的"属性"面板如图 8-9 所示,"属性"面板上各属性的设置说明如下。

图 8-9 ActiveX 控件"属性"面板

- **ActiveX**:用来标识 ActiveX 控件对象以进行脚本编写的名称。在"属性"面板最左侧的未标记文本框中输入名称。
- **宽、高**:指插入对象的宽度和高度,默认单位为像素。也可以指定以下单位:"pc"(十二点活字)、"pt"(磅)、"in"(英寸)、"mm"(毫米)、"cm"(厘米)或"%"(相对于父对象的值的百分比)。单位缩写必须紧跟在值后,中间不留空格。
- **ClassID**:为浏览器标识 ActiveX 控件。可以从弹出的快捷菜单中选择一个值或直接输入一个值。在加载页面时,浏览器使用该值来确定与该页面关联的 ActiveX 控件所需的 ActiveX 控件的位置。如果浏览器未找到指定的 ActiveX 控件,则它将尝试从"基址"指定的位置下载。
- **嵌入**:为该 ActiveX 控件在 object 标记内添加 embed 标记。如果 ActiveX 控件具有等效的 Netscape Navigator 插件,则 embed 标记将激活该插件。Dreamweaver 将用户作为 ActiveX 属性输入的值指派给等效的 Netscape Navigator 插件。
- **对齐**:设置控件在页面上的对齐方式。"默认值"通常指与基线对齐;"基线"和"底部"是将文本或同一段落的其他元素的基线与选定对象的底部对齐;"顶端"是将控件的顶端与当前行中最高端对齐;"居中"是将控件的中部与当前行的基线对齐;"文本上方"是将控件的顶端与文本行中最高字符的顶端对齐;"绝对居中"是将控件的中部与当前文本行中文本的中部对齐;"绝对底部"是将控件底部与文本行的底部对齐;"左对齐"是将所选控件放置在左边,文本在控件的右侧换行;"右对齐"是将控件放置在右边,文本在控件的左侧换行。
- **参数...**:单击该按钮,可以在打开的对话框中输入传递给 ActiveX 对象的附加参数。
- **源文件**:定义如果启用了"嵌入"选项,要用的 Netscape Navigator 插件的数据文件。如果没有输入值,那么 Dreamweaver 将根据已经输入的 ActiveX 属性确定值。
- **垂直边距、水平边距**:指在页面上插入的 ActiveX 控件四周的空白数量值。
- **基址**:指包含 ActiveX 控件的 URL。如果浏览者的系统中尚未安装该 ActiveX 控件,则 Internet Explorer 从该位置下载它。如果没有指定"基址"参数并且浏览者未安装相应的 ActiveX 控件,则浏览器不能显示 ActiveX 控件对象。
- **替换图像**:是指浏览器在不支持 object 标记的情况下要显示的图像,只有取消对"嵌入"选项的选择后此选项才可以使用。
- **数据**:是为需要加载的 ActiveX 控件指定数据文件。许多 ActiveX 控件(例如 Shockwave 和 RealPlayer)不使用此参数。

┃8.5┃ 应用实践

8.5.1 任务 1——制作透明动画网页

任务要求

中达办公设备有限公司要求为其网页制作一个带有宣传语的 banner 条。

任务分析

网页 banner 条是指在网页中内嵌的 banner，这类 banner 一般随网站页面的打开而出现，banner 的面积一般较小，不占用过多的页面空间，不影响页面的浏览，并且带有动听的音乐。一般网页 banner 条都是用透明 Flash 动画来制作的。

任务设计

本实例使用了表格布局，在表格中插入图像，然后插入层，并在层中插入 Flash 动画，最后通过设置 Flash 动画的参数，实现 Flash 动画的透明效果，并且为网页添加背景音乐。完成后的效果如图 8-10 所示。

完成任务

Step 1 设置网页背景图像。新建一个网页文件，单击"属性"面板上的 [页面属性...] 按钮，打开"页面属性"对话框，为网页设置一幅背景图像，如图 8-11 所示。完成后单击 [确定] 按钮。

图 8-10　完成效果

图 8-11　设置背景图像

Step 2 插入表格。执行"插入"→"表格"命令，插入一个 1 行 2 列，表格宽度为"778"像素，边框粗细、单元格边距和单元格间距均为"0"的表格，并在"属性"面板中将表格设置为"居中对齐"，如图 8-12 所示。

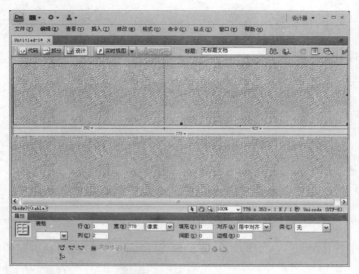

图 8-12　插入表格

Step 3　插入图像。分别在表格的左右两列单元格中执行"插入"→"图像"命令，插入图像，如图 8-13 所示。

图 8-13　插入图像

Step 4　插入层。执行"插入"→"布局对象"→"AP Div"命令，在网页文档中插入一个层，并将其移动到左列单元格中的图像上，如图 8-14 所示。

Step 5　插入 Flash 动画。将光标放置于层中。然后执行"插入"→"媒体"→"SWF"命令，插入一个 Flash 动画到层中，选中插入的 Flash，单击"属性"面板上的 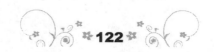 按钮，可以看到 Flash 动画的背景并不透明，与整个页面毫不搭配，如图 8-15 所示。

Step 6　设置 Flash 动画参数。单击"属性"面板上的 ▢参数…▢ 按钮，打开"参数"对话框。在对话框中的"参数"文本框中输入"wmode"，在"值"文本框中输入"transparent"，如图 8-16 所示。完成后单击 ▢确定▢ 按钮。

图 8-14　插入层

图 8-15　插入 Flash 动画

图 8-16　设置 Flash 参数

Step 7　插入层与 Flash 动画。执行"插入"→"布局对象"→"AP Div"命令，在文档中插入一个层，并将其移动到右列单元格中的图像上，然后在层中插入一个 Flash 动画，如图 8-17 所示。

Step 8　设置 Flash 动画参数。单击"属性"面板上的 参数... 按钮，打开"参数"对话框。在对话框中的"参数"文本框中输入"wmode"，在"值"文本框中输入"transparent"，如图 8-16 所示。完成后单击 确定 按钮。

Step 9　添加 src。切换到"代码"视图中，在"<head>"后按回车，输入"<bgsound>"，在"bgsound"后按空格键，在弹出的列表中双击"src"添加到"bgsound"后，如图 8-18 所示。

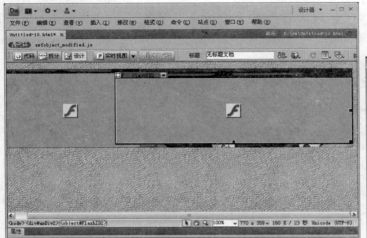

图 8-17　插入层与 Flash 动画　　　　　　　　　　　　图 8-18　添加 src

Step 10　选择音乐文件。出现"浏览"按钮后，如图 8-19 所示，单击"浏览"按钮，在打开的"选择文件"对话框中选择一个音乐文件，如图 8-20 所示。

图 8-19　出现"浏览"按钮　　　　　　　　　　　　图 8-20　选择音乐文件

Step 11　添加 loop。完成后单击 ▭确定▭ 按钮添加 src 后，出现音乐名称，在音乐文件名称后再按空格键，在弹出的列表中双击"loop"添加到"代码"视图中，并输入"-1"，如图 8-21 所示，使音乐循环播放。

Step 12　浏览网页。保存网页后按"F12"键浏览，Flash 显示出透明的效果，并伴随悦耳的音乐，效果如图 8-10 所示。

归纳总结

本例讲述了使用透明动画制作网页 banner 的方法。需要注意的是，制作的网页 banner 是内嵌在网页中的，由于要吸引浏览者的注意，避免在用户浏览网页的过程中被忽略，制作的内嵌 banner 要与网

页等宽，网站的宽度是多少像素，banner 的宽度也应是多少像素。

8.5.2 任务 2——创建网页视频

任务要求

学友教育网要求在网页中放置让读者学习软件操作的视频。

任务分析

现在通过网络观看视频来学习的人越来越多了，要让学习者能认真地学习，该视频文件所在的网页页面不能太过花哨，以免让学习者分心，也不能让学习者的眼睛太累，而且视频文件不能过大，也不能过小，要让学习者舒服地观看。

任务设计

本实例在设计制作时，首先将背景设置为绿色，保护学习者的眼睛，再插入表格与图像，然后在网页中插入 Active X 控件，并选择视频文件，设置视频的大小，最后为控件设置参数，使视频能够在网页中顺利播放。完成后的效果如图 8-22 所示。

图 8-21 添加 loop

图 8-22 完成效果

完成任务

Step 1 设置背景图像。新建一个网页文件，单击"属性"面板上的 页面属性... 按钮，打开"页面属性"对话框，为网页设置一幅背景图像，如图 8-23 所示。完成后单击 确定 按钮。

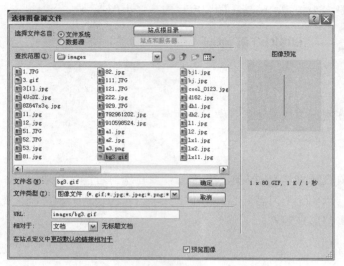

图 8-23 设置背景图像

Step 2 插入表格。执行"插入"→"表格"命令,插入一个 1 行 1 列,表格宽度为"650"像素,边框粗细、单元格边距和单元格间距均为"0"的表格,并在"属性"面板中将表格设置为"居中对齐",如图 8-24 所示。

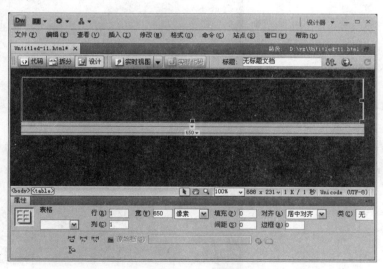

图 8-24 插入表格

Step 3 插入图像。将光标放置于表格中,执行"插入"→"图像"命令,在表格中插入图像,如图 8-25 所示。

Step 4 插入第 2 个表格。执行"插入"→"表格"命令,插入一个 1 行 1 列,表格宽度为"650"像素,边框粗细为"1",单元格边距和单元格间距均为"3"的表格,并在"属性"面板中将表格设置为"居中对齐",如图 8-26 所示。

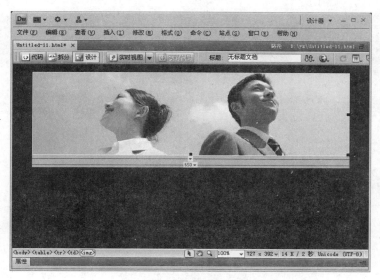

图 8-25　插入图像

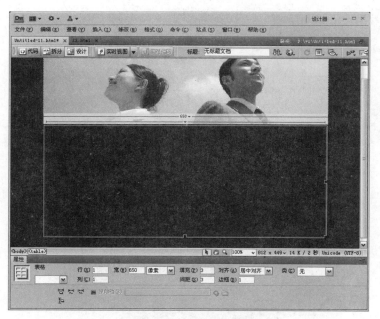

图 8-26　插入第 2 个表格

Step 5　设置表格边框颜色。选中表格，单击 按钮，切换到"代码"视图，在"<table> width="650" border="0" align="center" cellpadding="0" cellspacing="0""后添加代码"bordercolor= "#FFFFFF"",如图 8-27 所示。表示将色标值为"#FFFFFF",即白色作为表格的边框颜色。

Step 6　设置单元格边框颜色。在"代码"视图中的"<td height="261""后添加代码 "bordercolor="#FFFFFF"",如图 8-28 所示。表示将色标值为"#FFFFFF",即白色作为单元格的边框颜色。

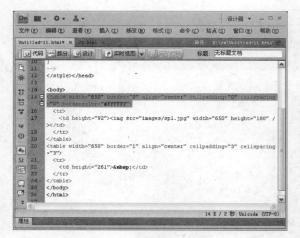

图 8-27　设置表格边框颜色　　　　　　图 8-28　设置单元格边框颜色

Step 7　设置"填充"与"间距"。单击 ⊞设计 按钮，切换到"设计"视图，选中表格，打开"属性"面板，将"填充"与"间距"中的值分别设置为"0"，如图 8-29 所示。

图 8-29　设置"填充"与"间距"

Step 8　插入嵌套表格。将光标放置于第 2 个表格中，执行"插入"→"表格"命令，插入一个 2 行 1 列的嵌套表格。在"属性"面板中将嵌套表格的"宽"设置为"100%"，将"填充"、"间距"、"边框"全部设置为"0"，如图 8-30 所示。

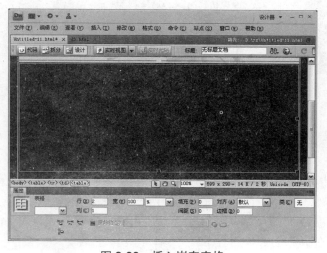

图 8-30　插入嵌套表格

Step 9　插入图标并输入文字。将嵌套表格第 1 行单元格的背景颜色设置为灰色（#F9F9F9），

然后在该单元格中插入图标并输入文字，如图 8-31 所示。

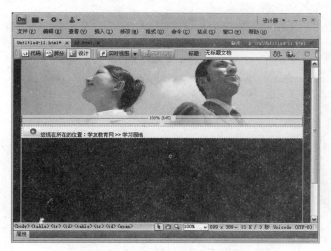

图 8-31　插入图标并输入文字

Step 10　插入 ActiveX 控件。将光标放置于嵌套表格第 2 行单元格中，执行"插入"→"媒体"→"ActiveX（C）"命令，在页面中插入 ActiveX 控件，如图 8-32 所示。

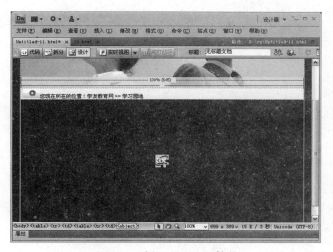

图 8-32　插入 ActiveX 控件

Step 11　设置控件大小与 ClassID。在"属性"面板上设置控件的宽为"550"，高为"400"，将 ClassID 设置为"CLSID:22d6f312-b0f6-11d0-94ab-0080c74c7e95"，此控件为微软的 Active Movie 控件，可以在网页上播放视频文件，如图 8-33 所示。

Step 12　设置参数。单击 参数... 按钮，弹出"参数"对话框后，在其中添加 Active Movie 控件的播放参数。添加参数"FileName"，并设置其值为"D:\yx\fd.avi"，如图 8-34 所示。此项参数用于指定要播放的视频文件。完成后单击 确定 按钮。

Step 13　设置上边距。单击"属性"面板上的 页面属性... 按钮，打开"页面属性"对话框，将上边距设置为"0"，如图 8-35 所示。完成后单击 确定 按钮。

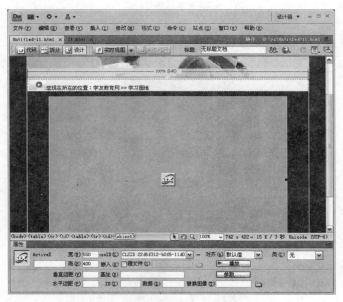

图 8-33　设置控件大小与 ClassID

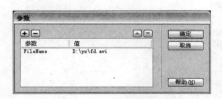

图 8-34　"参数"对话框

图 8-35　设置上边距

Step 14　浏览网页。保存网页后按"F12"键浏览，视频即可在网页中播放，效果如图 8-22 所示。

归纳总结

本例讲述了网页视频的创建方法。在制作过程中要注意，视频文件必须与制作完成的网页文件保存在同一个文件夹中，否则视频将无法在网页中进行播放。

8.6 知识链接

8.6.1　插入 Shockwave 影片

Shockwave 是由 Adobe 公司制定的一种用于在网上进行交互的媒体标准，采用压缩格式，可以使

创建的媒体文件被快速下载，并在浏览器中播放。

执行"插入"→"媒体"→"Shockwave"命令，或者按"Ctrl+Alt+D"组合键，在打开的"选择文件"对话框中选择一个影片文件，如图 8-36 所示。

单击 确定 按钮，插入的 Shockwave 对象如图 8-37 所示。

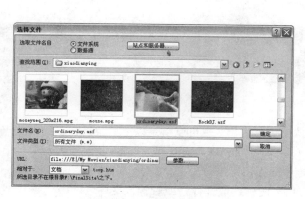

图 8-36　选择影片文件

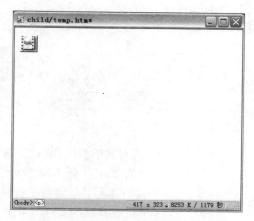

图 8-37　插入的 Shockwave 对象

使用鼠标拖动放大 Shockwave 对象图标，效果如图 8-38 所示。按"F12"键预览网页，效果如图 8-39 所示。

图 8-38　拖动放大 shockwave 对象图标

图 8-39　预览 Shockwave 对象

8.6.2　插入 Java Applet

Java 是一种编程语言，通过它可以开发可嵌入网页中的小型应用程序，这种用 Java 语言开发的小程序称为 Applet。在网页中可以嵌入 Applet 来实现各种各样的精彩效果。在 Dreamweaver CS4 中插入 Applet 的操作方法如下。

Step 1　在文档窗口中，将光标放到要插入 Applet 的位置。

Step 2　执行"插入"→"媒体"→"Applet（A）"命令，在如图 8-40 所示的对话框中，选择包含 Java Applet 的文件，然后单击 确定 按钮，即可插入 Applet。

在插入 Applet 之后，还需要使用"属性"面板来设置参数，Applet"属性"面板如图 8-41 所示。Applet 属性面板上各"属性"的设置说明如下。

- Applet 名称：指定 Java 小程序的名称。在"属性"面板中左边的文本框中输入一个名称。

图 8-40 "选择文件"对话框

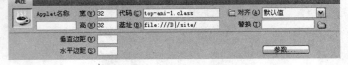

图 8-41 Applet "属性"面板

- 宽、高：指插入对象的宽度和高度，默认单位为像素。也可以指定以下单位："pc"（十二点活字）、"pt"（磅）、"in"（英寸）、"mm"（毫米）、"cm"（厘米）或"%"（相对于父对象的值的百分比）。单位的缩写必须紧跟在值后，中间不留空格。

- 代码：指包含 Java 代码的文件。单击文件夹图标选取文件，或者输入文件名。

- 基址：标识包含选定 Java 程序的文件夹。选择代码文件后，该域将自动填充。

- 对齐：设置 Applet 在页面上的对齐方式。"默认值"通常指与基线对齐；"基线"和"底部"是将文本或同一段落的其他元素的基线与选定对象的底部对齐；"顶端"是将 Applet 的顶端与当前行中最高端对齐；"居中"是将 Applet 的中部与当前行的基线对齐；"文本上方"是将 Applet 的顶端与文本行中最高字符的顶端对齐；"绝对居中"是将 Applet 的中部与当前文本行中文本的中部对齐；"绝对底部"是将 Applet 底部与文本行的底部对齐；"左对齐"是将所选 Applet 放置在左边，文本在 Applet 的右侧换行；"右对齐"是将 Applet 放置在右面，文本在 Applet 的左侧换行。

- 替换：如果用户的浏览器不支持 Java 小程序或者 Java 被禁止，该选项将指定一个替代显示的内容。

- 垂直边距、水平边距：指在页面上插入的 Applet 四周的空白数量值。

- 参数...：单击该按钮，可以在打开的对话框中设置插入的 Applet 的参数。参数将为插入对象设置专门的属性。例如，Flash 影片对象可以拥有品质参数"<param name="quality"value="best">"。

8.7 自我检测

1. 选择题

（1）按（　　）组合键，可以在网页中插入 Flash 动画。

　　A．Ctrl+Alt+F　　　　B．Ctrl+ F　　　　C．Alt+F　　　　D．Ctrl+Alt+G

（2）在 Dreamweaver CS4 中，插入 Flash 影片需要执行（　　）菜单中的命令。

　　A．编辑　　　　　　　B．插入　　　　　　C．查看　　　　　　D．修改

（3）（　　）是可以充当浏览器插件的可重复使用的组件，它犹如缩小化的应用程序，能够产生和浏览器插件一样的效果。

    A．ActiveX 控件　　　　B．Shockwave　　　　C．Flash　　　　D．Java Applet

2．判断题

（1）为网页添加背景音乐的方法一般有两种，第一种是通过普通的 bgsound 标记来添加，另一种是通过 em 标记来添加。（　　）

（2）单击 按钮可以插入 Flash 动画。（　　）

（3）按"Ctrl+Alt+D"组合键可以在文档中插入 Shockwave 影片。（　　）

3．上机题

（1）新建一个网页，然后为网页添加一个视频。

（2）在文档页面中插入一幅图片，然后在图片上插入一个 Flash 动画，最后将动画设置为透明效果。

第 9 章
应用模板和库制作网页

📖 **本章要点**

● 模板和库的概念
● 使用模板
● 使用库
● 使用模板制作网页
● 使用库完善网页

在一个大型的网站中一般会有几十甚至上百个风格基本相似的页面，在制作时如果对每一个页面都设置页面结构以及导航条、版权信息等网页元素，其工作量是相当大的。而通过 Dreamweaver CS4 中的模板与库可以极大地简化操作。本章主要向读者介绍了模板与库的知识，希望读者通过对本章内容的学习，能够理解模板与库的概念、掌握模板与库的编辑操作和应用。

9.1　模板和库的概念

9.1.1　模板的概念

模板是制作其他网页文档时使用的基本文档，一般在制作统一风格的网页时会经常使用该功能。在 Dreamweaver CS4 中，模板能够帮助设计者快速制作出一系列具有相同风格的网页。制作模板与制作普通的网页相同，只是不把网页的所有部分都制作完成，而是只把导航条和标题栏等各个页面共有的部分制作出来，把其他部分留给各个页面去实现具体内容。

模板实质上就是创建其他文档的基础文档。使用模板制作网页具有下列的优点。

- 能使网站的风格保持一致。
- 有利于网站建成以后的维护，在修改共同的页面元素时不必每个页面都修改，只要修改应用的模板就可以了。
- 极大地提高了网站制作的效率，同时省去了许多重复的劳动。

模板也不是一成不变的，即使在已经使用一个模板创建文档之后，也还可以对该模板进行修改。在修改模板后，使用该原始模板创建的页面中所对应的内容也会被相应地更新。

9.1.2　库的概念

库是指将页面中的导航条、版权信息、公司商标等常用的构成元素转换为库保存起来，在需要的时候调用。

在 Dreamweaver CS4 中允许将网站中需要重复使用或需要经常更新的页面元素（如图像、文本、版权信息等）存入库中。存入库中的元素称之为库项目，它包含已创建并且便于放在 Web 页上的单独资源或资源副本的集合。

在需要时，可以把库项目拖放到页面中。此时 Dreamweaver CS4 会在页面中插入该库项目的 HTML 代码的复制，并创建一个对外部库项目的引用（即对原始库项目的应用的 HTML 注释）。这样，如果对库项目进行修改并使用更新命令，即可以实现整个网站各页面上与库项目相关内容的更新。

库本身是一段 HTML 代码，而模板本身是一个文件。Dreamweaver CS4 中将所有的模板文件都存放在站点根目录下的"Templates"子目录中，扩展名为".dwt"，而将库项目存放在每个站点的本地根目录下的"Library"文件夹中，扩展名为".lbi"。

9.2　使用模板

9.2.1　创建模板

创建模板一般有两种方法：一种是可以新建一个空白模板，另一种是从某个页面生成一个模板。

1. 新建一个空白模板

使用 Dreamweaver CS4 创建一个空白模板的具体操作如下。

Step 1 执行"窗口"→"资源"命令，打开"资源"选项卡，如图 9-1 所示。

Step 2 单击"资源"选项卡左下部的"模板"按钮 ，进入"模板"面板，如图 9-2 所示。

图 9-1 "资源"选项卡

图 9-2 "模板"面板

Step 3 单击"资源"选项卡右上角的 ▼ 按钮，在弹出的快捷菜单中选择"新建模板"命令，如图 9-3 所示；或单击"资源"选项卡右下角的"新建模板"按钮 。这时"模板"面板中添加了一个未命名的模板，如图 9-4 所示。

Step 4 输入模板名称，如"mb1"，按"Enter"键确定，如图 9-5 所示，完成空白模板的创建。

图 9-3 选择"新建模板"命令

图 9-4 新建模板

图 9-5 输入模板名称

2. 将文档保存为模板

图 9-6 "另存模板"对话框

Dreamweaver 中也可以将当前正在编辑的页面或已经完成的页面保存为模板，具体操作步骤如下。

Step 1 打开要保存为模板的页面文件。

Step 2 执行"文件"→"另存为模板"命令，打开"另存模板"对话框，如图 9-6 所示。

Step 3 在"站点"下拉列表中选择一个站点，在"现存的模板"

文本框中显示的是当前站点中存在的模板，在"另存为"文本框中输入创建模板的名称。

Step 4 单击 保存(S) 按钮，保存设置。系统将自动在站点文件夹下创建模板文件夹 "Templates"，并将创建的模板保存到该文件夹中。

 提示：如果站点中没有"Templates"文件夹，在保存新建模板时将自动创建该文件夹。不要将模板移动到"Templates"文件夹之外，也不要将非模板文件放在"Templates"文件夹中，也不能将"Templates"文件夹移动到本地站点文件夹之外，否则将使模板中的对象或链接路径发生错误。

9.2.2 设计模板

要对创建好的空白模板或现有模板进行编辑，具体操作步骤如下。

Step 1 打开"资源"选项卡，单击模板按钮。

Step 2 在"模板"面板中双击模板名，或在"模板"面板的右下角单击 按钮，即可打开模板编辑窗口。

Step 3 根据需要，编辑和修改打开的文档。

Step 4 编辑完毕后，执行"文件"→"保存"命令，保存模板文档。

如果要重命名模板，可以在"资源"选项卡中选中需要重命名的模板，单击鼠标右键，在弹出的快捷菜单中选择"重命名"命令，然后输入新的模板名称即可。

当模板的名称被修改后，会弹出一个"更新文件"对话框，如图 9-7 所示。单击 更新 按钮可更新所有应用模板的文档。

要删除模板，可以先选中要删除的模板，然后单击"资源"选项卡右下方的按钮 或在想要删除的模板上单击鼠标右键，在弹出的快捷菜单中选择"删除"命令，程序会弹出一个消息对话框，如图 9-8 所示。单击 是(Y) 按钮，即可删除模板。

图 9-7 "更新文件"对话框

图 9-8 "删除模板"对话框

9.2.3 定义模板区域

Dreamweaver 中共有 4 种类型的模板区域，可编辑区域、可选区域、重复区域和可编辑标签属性。

* 可编辑区域：基于模板的文档中的未锁定区域。它是模板用户可编辑的部分。用户可以将模板的任何区域定义为可编辑区域。要让模板生效，它应该至少包括一个可编辑区域，否则基于该模板的页面将无法编辑。

* 可选区域：在模板中定义为可选的部分，用于保存有可能在基于模板的文档中出现的内容（如可选文本或图像）。在基于模板的页面上，通常由内容编辑器控制内容是否显示。

- 重复区域：文档中设置为重复的部分。例如，可以重复一个表格行，通过重复表格行，可以允许模板用户创建扩展列表，同时使设计处于模板创作者的控制之下。在基于模板的文档中，使用重复区域控制选项可添加或删除重复区域的复制。可以在模板中插入两种类型的重复区域：重复区域和重复表格。
- 可编辑标签属性：使用用户可以在模板中解锁标签属性，以便该属性可以在基于模板的页面中编辑。例如，可以"锁定"在文档中出现的图像，但让页面创作者可将对齐方式设为左对齐、右对齐或居中对齐。

1. 定义可编辑区域

在模板文件上，用户可以指定哪些元素可以修改，哪些元素不可以修改，即设置可编辑区和不可编辑区。可编辑区是指在一个页面中可以更改的部分；不可编辑区是指在所在页面中不可更改的部分。

定义可编辑区域时可以将整个表格或单独的表格单元格标记为可编辑的，但不能将多个表格单元格标记为单个可编辑区域。如果"td"标签被选中，则可编辑区域中包括单元格周围的区域；如果未被选中，则可编辑区域将只影响单元格中的内容。

层和层内容是单独的元素。层可编辑是可以更改层的位置及内容，而层的内容可编辑时则只能改变层的内容而不能改变其位置。若要选择层的内容，应将光标移至层内再执行"编辑"→"全选"命令。若要选中该层，则应确保显示了不可见元素，然后再单击层的图标。

定义可编辑区域的具体操作步骤如下。

Step 1 将光标放到要插入可编辑区域的位置。

Step 2 执行"插入"→"模板对象"→"可编辑区域"命令，或者按"Ctrl+Alt+V"组合键，打开"新建可编辑区域"对话框，如图9-9所示。

Step 3 为了方便查看，在"名称"文本框中输入有关可编辑区域的说明，如"此处为可编辑区域"。

Step 4 单击 确定 按钮，即可在光标位置插入可编辑区域，如图9-10所示。

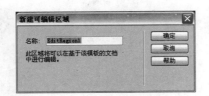

图9-9 "新建可编辑区域"对话框　　　　图9-10 插入可编辑区域

Step 5 插入可编辑区后，可以发现状态栏上出现 〈mmtemplate:editable〉 标签项，如图9-11所示。

图9-11 状态栏上出现可编辑区域标签项

Step 6 单击该标签项，可以选定可编辑区域，按"Delete"键，可以删除可编辑区域。

2. 定义可选区域

使用可选区域可以控制基于模板创建的文档中显示的内容。可选区域是由条件语句控制的，它位于单词 if 之后。根据模板中设置的条件，用户可以定义该区域在自己创建的页面中是否可见。

可编辑的可选区域让模板用户可以在可选区域内编辑内容。例如，如果可选区域中包括文本、图像，模板用户即可设置此内容是否显示，并根据需要对该内容进行编辑。可选区域是由条件语句控制的。用户可以在"新建可选区域"对话框中创建模板参数和表达式，或通过在"代码"视图中输入参数和条件语句来创建可选区域。

定义可选区域的具体操作步骤如下。

Step 1 将光标放到要定义可选区域的位置。

Step 2 执行"插入"→"模板对象"→"可选区域"命令，打开"新建可选区域"对话框，如图 9-12 所示。

Step 3 在"名称"文本框中输入可选区域的名称。

Step 4 选中"默认显示"复选框，可以设置在文档中显示选定区域。取消选择该复选框将把默认值设置为假。

Step 5 选择"高级"选项卡，如图 9-13 所示。

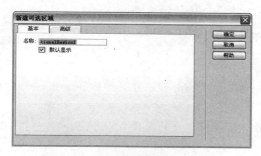

图 9-12 "新建可选区域"对话框

图 9-13 "高级"选项卡

Step 6 选择"使用参数"单选项，在右边的下拉列表中选择要与选定内容链接的现有参数。

Step 7 选择"输入表达式"单选项，然后在下面的组合框中输入表达式内容。

Step 8 单击 确定 按钮，即可在模板文档中插入可选区域。

3. 定义重复区域

重复区域是可以根据需要在基于模板的页面中拷贝多次的模板部分。重复区域通常用于表格，但也可以为其他页面元素定义重复区域。

重复区域不是可编辑区域。若要使重复区域中的内容可编辑（例如，让用户可以在表格单元格中输入文本），必须在重复区域内插入可编辑区域。

在模板中定义重复区域的具体操作步骤如下。

Step 1 将光标放到要定义重复区域的位置。

Step 2 执行"插入"→"模板对象"→"重复区域"命令，打开"新建重复区域"对话框，如图 9-14 所示。

Step 3 在"名称"文本框中输入重复区域的提示信息，单击 确定 按钮，即可在光标处插入重复区域，如图 9-15 所示。

图 9-14 "新建重复区域"对话框 图 9-15 插入重复区域

4. 定义可编辑标签属性

用户可以为一个页面元素设置多个可编辑属性。定义可编辑标签属性的具体操作步骤如下。

Step 1 选定要设置可编辑标签属性的对象。

Step 2 执行"修改"→"模板"→"令属性可编辑"命令，打开"可编辑标签属性"对话框，如图 9-16 所示。

Step 3 在"属性"下拉列表中选择可编辑的属性，若没有需要的属性，则单击 添加... 按钮，打开输入新属性名称的对话框，如图 9-17 所示。在文本框中输入想要添加的属性名称，单击 确定 按钮。

图 9-16 "可编辑标签属性"对话框 图 9-17 输入新属性名称的对话框

Step 4 选中"令属性可编辑"复选框，在"标签"文本框中输入标签的名称。

Step 5 从"类型"下拉列表中选择该属性允许具有的值的类型。

Step 6 在"默认"文本框中输入所选标签属性的值。

Step 7 完成后单击 确定 按钮。

▌9.3▌ 使用库

库用来存储网站中经常出现或重复使用的页面元素。简单地说，库主要用来处理重复出现的内容。例如，每一个网页都会使用版权信息，如果一个一个地设置就会十分的繁琐。这时可以将其收集在库中，使之成为库项目，当需要这些信息时，直接插入该项目即可。而且使用库比使用模板具有更大的灵活性。

9.3.1　创建库项目

在 Dreamweaver CS4 中，用户可以网页中 body 部分中的任意元素创建库项目，这些元素包括文本、图像、表格表单、插件、导航条等。库项目文件的扩展名为 ".lbi"，所有的库项目都被缺省放置在文件夹 "站点文件夹/Library" 内。

对于链接项（如图像），库只存储对该项的引用。原始的文件必须保留在指定的位置才能使库项目正确工作。

在库项目中存储图像还是非常有用的。例如，在库项目中可以存储一个完整的 img 标记，它将使用户方便地在整个站点中更改图像的 "alt" 文本，甚至更改它的 "src" 属性。

图 9-18　新建库项目

创建库项目的具体操作如下。

Step 1　在网页文档窗口中，选定要创建成库项目的元素。

Step 2　执行下列操作之一，可创建库项目。

- 执行 "窗口"→"资源" 命令，打开 "资源" 选项卡，单击 📖 按钮，打开 "库" 面板，将选择的对象拖入库选项窗口中，如图 9-18 所示。

- 单击 "库" 面板右下方的 "新建库项目" 按钮 🗗，选中要添加的对象，执行 "修改"→"库"→"增加对象到库" 命令。

9.3.2　库项目属性面板

通过库项目的 "属性" 面板，可以设置库项目的源文件，编辑库项目等。在页面中选中已插入的库项目，库项目的 "属性" 面板如图 9-19 所示。

图 9-19　库项目 "属性" 面板

库项目属性中各项的作用如下。

- Src：表示当前库项目源文件的路径和文件名。
- ▐打开▐：单击该按钮，可以打开库项目的源文件，并对其进行编辑和修改。
- ▐从源文件中分离▐：单击该按钮，会弹出如图 9-20 所示的提示框，使库项目同它的源文件分

离，可以直接编辑其中的内容。

- ：通过该按钮，可以重新创建新的库项目。

9.3.3 编辑库项目

编辑库项目包括更新库项目、重命名库项目、删除库项目和编辑库项目。

1. 更新库项目

更新库项目的具体操作如下。

Step 1 执行"修改"→"库"→"更新页面"命令，打开"更新页面"对话框，如图 9-21 所示。

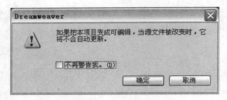

图 9-20 提示框

图 9-21 "更新页面"对话框

Step 2 打开"查看"下拉列表，选择需要的项目。

Step 3 在"更新"区域中勾选"库项目"复选框，可以更新站点中所有的库项目，勾选"模板"复选框，可以更新站点中的所有模板。

Step 4 单击 开始(S) 按钮，开始更新。更新完毕后，单击 关闭(C) 按钮。

2. 重命名库项目

重命名库项目即表示将库项目重新命名，其操作步骤如下。

Step 1 选定"库"面板上要命名的项目。

Step 2 单击面板右上角的下拉按钮，在弹出的快捷菜单中选择"重命名"命令；或在库项目上单击鼠标右键，在弹出的快捷菜单中选择"重命名"命令。

Step 3 输入新的名称，按"Enter"键确认。

3. 删除库项目

删除库项目的具体操作如下。

Step 1 在"库"面板中选择要删除的库项目。

Step 2 单击右上角的下拉按钮，在弹出的快捷菜单中选择"删除"命令，或在库项目上单击鼠标右键，在弹出的快捷菜单中选择"删除"命令，在"库"面板上单击右下角的 🗑 按钮，或按键盘上的"Delete"键，都可以执行"删除"命令。

Step 3 在弹出的对话框中单击 是(Y) 按钮。

9.3.4 添加库项目

当向页面添加库项目时，将把实际内容以及对该库项目的引用一起插入到页面中。将创建好的库项目添加到页面上，具体的操作如下。

Step 1 打开要添加库项目的页面，并将光标放置到插入的位置。

Step 2　执行"窗口"→"资源"命令，打开"资源"选项卡，选择库项目。

Step 3　单击"库"面板右下角的 ⬚插入⬚ 按钮，或者在库项目上单击鼠标右键，在弹出的快捷菜单中选择"插入"命令，都可将库项目应用到网页中。

模板和库项目都是在网页设计和制作过程中，为设计出相同风格的网站所使用的一种辅助工具。通过使用模板和库项目可以设计出具有统一风格的网站，并且模板和库项目为网站的更新和维护提供了极大的便捷，仅修改网站的模板即可完成对整个网站页面的统一修改。

使用库项目可以完成对网站中某个板块的修改。在定义模板的可编辑区域时需要仔细研究整个网站中各个页面所具有的共同风格和特性，这样才能设计出适合整个网站且使用合理的模板。

9.4 应用实践

9.4.1　任务 1——使用模板制作网页

任务要求

"爱车网"的高层觉得首页制作得不错，以后就保持首页的布局方式，但部分图像经常需要进行替换（"爱车网"的首页制作详见 6.3.2 节任务 2）。

任务分析

"爱车网"的首页布局方式获得了网站高层的肯定，他们要求保持这种布局方式，那首页的布局方式就需要固定，并在首页的布局方式不变的基础上更新网站。

任务设计

本实例在设计制作时，由于首页的布局方式需要固定，所以首先将首页制作为模板页，再将需要更新的网页元素设置为可编辑区域，最后通过模板页将可编辑区域进行更新。完成后的效果如图 9-22 所示。

图 9-22　完成效果

完成任务

Step 1 另存为模板。在 Dreamweaver CS4 中打开 6.3.2 节中制作的"汽车网页"，如图 6-38 所示。然后执行"文件"→"另存为模板"命令，如图 9-23 所示。

Step 2 输入模板名称。在打开的"另存模板"对话框中，在"另存为"文本框中输入"qiche"，如图 9-24 所示。完成后单击 保存 按钮。

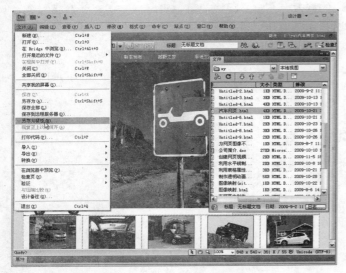

图 9-23 执行"文件"→"另存为模板"命令　　　　图 9-24 "另存模板"对话框

Step 3 新建可编辑区域"q1"。选取第 2 行单元格第 1 列中的图像，执行"插入"→"模板对象"→"可编辑区域"命令，打开"新建可编辑区域"对话框，在对话框中设置名称为"q1"，如图 9-25 所示。

Step 4 添加为可编辑区域。完成后单击 确定 按钮，图像所在区域添加为可编辑区域，如图 9-26 所示。

图 9-25 设置名称为"q1"　　　　图 9-26 图像区域为可编辑区域

Step 5　新建可编辑区域"q2"。选取"新车图库"下面的图像，执行"插入"→"模板对象"→"可编辑区域"命令，打开"新建可编辑区域"对话框，在对话框中设置名称为"q2"，如图 9-27 所示。

Step 6　添加为可编辑区域。完成后单击 确定 按钮，图像所在区域添加为可编辑区域，如图 9-28 所示。

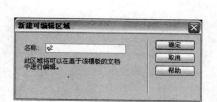

图 9-27　设置名称为"q2"

图 9-28　图像区域为可编辑区域

Step 7　新建可编辑区域"q3"。选择可编辑区域"q2"下面的文字，执行"插入"→"模板对象"→"可编辑区域"命令，打开"新建可编辑区域"对话框，在对话框中设置名称为"q3"，如图 9-29 所示。

Step 8　保存模板。单击 确定 按钮，文字所在区域添加为可编辑区域。然后按"Ctrl+S"组合键保存模板，并关闭文档。

Step 9　选择模板。执行"文件"→"新建"命令，打开"新建文档"对话框。单击"模板中的页"选项。在"站点"列表中选择应用模板所在的站点名称，再在右侧列表中选择要应用的模板"qiche"，如图 9-30 所示。

图 9-29　设置名称为"q3"

图 9-30　"新建文档"对话框

Step 10 创建新文档。单击 [创建(R)] 按钮，创建一个新文档，如图 9-31 所示。右上角黄色区域的"模板: qiche"，表示该文档是基于模板"qiche"创建的。

Step 11 为"q1"区域重新选择图像。双击可编辑区域"q1"中的图像，打开"选择图像源文件"对话框，在对话框中选择一幅图像，如图 9-32 所示。

图 9-31 用模板创建的新文档

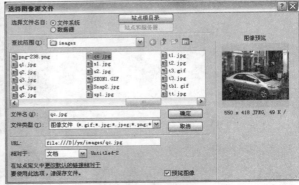

图 9-32 "选择图像源文件"对话框

Step 12 添加图像。完成后单击 [确定] 按钮，选择的图像就添加到可编辑区域"q1"中了，如图 9-33 所示。

Step 13 为"q2"区域重新选择图像。双击可编辑区域"q2"中的图像，打开"选择图像源文件"对话框，在对话框中选择一幅图像，如图 9-34 所示。

图 9-33 添加图像

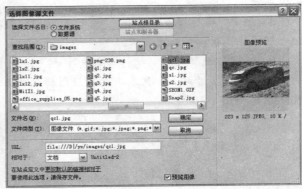

图 9-34 "选择图像源文件"对话框

Step 14 添加图像。完成后单击 [确定] 按钮，选择的图像就添加到可编辑区域"q2"中了，如图 9-35 所示。

Step 15 更改文字。将光标放置于可编辑区域"q3"中，将原来的文字进行更改，如图 9-36 所示。

Step 16 浏览网页。保存网页后按"F12"键浏览，在首页布局方式不变的基础上更新了网页，如图 9-22 所示。

图 9-35　添加图像

图 9-36　更改文字

归纳总结

本例通过模板新建网页，并在模板的可编辑区域内添加新建页的内容。这里需要注意，在新建网页时，同时要勾选"当模板改变时更新页面"复选框，否则当模板改变后，不能自动更新应用了该模板的文档。

9.4.2　任务 2——使用库完善网页

任务要求

学友教育网要求在网站中各个网页的顶端添加一幅宣传图像与提醒下载教学视频文件的文字。

任务分析

本任务将在网页中添加一幅宣传图像与提醒下载教学视频文件的文字，需要添加在页面顶端，并且学友教育网的各个网页中都要进行添加。可以将需要添加的网页元素制作成库元素，然后在网页中进行插入。

任务设计

本实例首先新建了库项目，使用表格布局，再在表格中插入图像，然后插入层，并在层中输入文字，最后在网页中插入库项目。完成后的效果如图 9-37 所示。

完成任务

Step 1 新建库项目。执行"窗口"→"资源"命令，打开"资源"选项卡，单击 📖 按钮，打开"库"面板，单击右下方的"新建库项目"按钮 ，并将新建的库项目命名为"dingduan"，如图 9-38 所示。

图 9-37 完成效果

图 9-38 新建库项目

Step 2 插入表格。双击"库"面板中的"dingduan"库项目，进入"dingduan"库项目的编辑页面，执行"插入"→"表格"命令，插入一个 2 行 1 列，表格宽度为"650"像素、边框粗细、单元格边距和单元格间距均为"0"的表格，并在"属性"面板中将表格设置为"居中对齐"，如图 9-39 所示。

Step 3 插入图像。将光标放置于表格第 1 行单元格中，执行"插入"→"图像"命令，插入一幅图像，如图 9-40 所示。

Step 4 插入层。执行"插入"→"布局对象"→"AP Div"命令，在网页文档中插入一个层，并将其移动到单元格中的图像上，如图 9-41 所示。

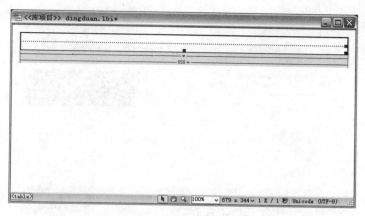

图 9-39　插入表格

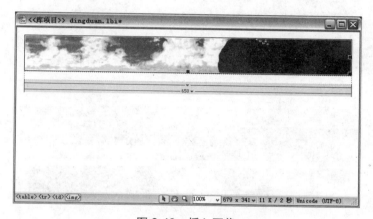

图 9-40　插入图像

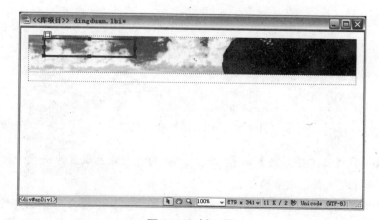

图 9-41　插入层

Step 5　输入文字。将光标放置于层中，输入文字"学友教育网"，文字大小为"20"像素，字体为"黑体"，如图 9-42 所示。

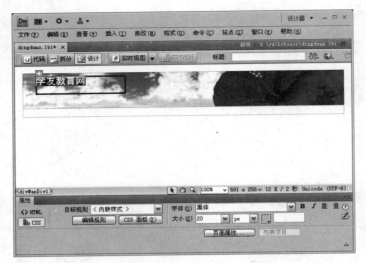

图 9-42　输入文字

Step 6　插入层并输入文字。按照同样的方法插入层并在层中输入文字，文字大小为"20"像素，字体为"黑体"，如图 9-43 所示。

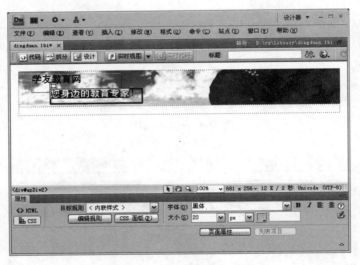

图 9-43　插入层并输入文字

Step 7　输入下载提示文字。将表格第 2 行单元格的背景颜色设置为灰色（#eeeeee），然后在单元格中输入文字，并将文字颜色设置为红色，如图 9-44 所示。

Step 8　打开网页。保存文件，然后在"文件"选项卡中打开 8.5.2 节中制作的"创建网页视频"网页，如图 9-45 所示。

Step 9　插入库项目。将光标放置于要添加内容的位置，即页面顶端，打开"库"面板选择"dingduan"库项目，单击 **插入** 按钮即可插入库项目，如图 9-46 所示。

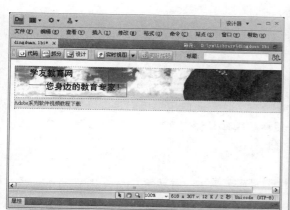

图 9-44 输入下载提示文字

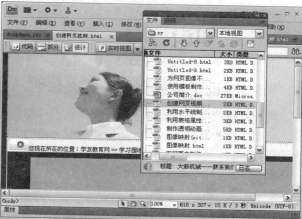

图 9-45 打开网页

图 9-46 插入库项目

Step 10 浏览网页。保存网页后按"F12"键浏览，可以看到，需要添加的内容已经出现在网页中了，效果如图 9-37 所示。

归纳总结

本例是使用库来完善网页，需要先制作好库项目的内容，当一个网站有多个网页需要添加内容时，就分别打开网页，将库项目插入即可。而且只要更改库项目，所有应用了库项目的网页都会出现相应的改变，这在大型的网站中特别有用。

9.5 知识链接

9.5.1 设置模板文档的页面属性

应用模板的文档将会继承模板中除页面标题外的所有部分，因此应用模板后只可以修改文档的标题，而不能更改其页面的属性。设置模板文档的页面属性的操作与设置文档页面属性操作相似，具体的步骤如下。

Step 1 打开要设置页面属性的文档。

Step 2 执行"修改"→"页面属性"命令，打开"页面属性"对话框，如图 9-47 所示。

图 9-47 "页面属性"对话框

Step 3 可以看到对话框与设置普通文档页面属性的对话框一致，参照设置普通文档页面属性的方法设置模板文档的页面属性即可。设置完成后，单击 确定 按钮。

9.5.2 快速更新网站中所有页面

如果需要更新网站中的所有页面，操作步骤如下。

Step 1 打开需更新内容的模板并修改。

Step 2 保存修改后的模板，将弹出如图 9-48 所示的"更新模板文件"对话框。

Step 3 单击 更新(U) 按钮，将网站中应用了该模板的所有页面更新，完成后会弹出如图 9-49 所示的"更新页面"对话框。

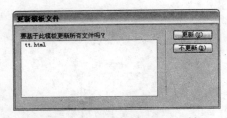

图 9-48 "更新模板文件"对话框

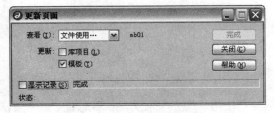

图 9-49 "更新页面"对话框

Step 4 勾选"显示记录"复选框，将网站中已更新的页面显示在列表中。

▌9.6▌ 自我检测

1. 选择题

（1）模板的区域不包括（ ）。

　　A．可编辑区域　　　　B．重复区域　　　　C．可选区域　　　　D．可编辑的可选区域

（2）模板文件的后缀名为（ ）。

　　A．.dwt　　　　　　B．.dot　　　　　　C．.lbi　　　　　　D．.asp

（3）（ ）是可以根据需要在基于模板的页面中拷贝多次的模板部分。

　　A．重复区域　　　　B．可编辑区域　　　　C．可选区域　　　　D．可编辑的可选区域

（4）所有的库项目都被放置在（ ）文件夹内。

　　A．Flash　　　　　B．Library　　　　　C．Templates　　　　D．HTML

2. 判断题

（1）模板是一种具有固定版式的文件，用户应用该版式可以快速创建具有统一风格的一类文档。（ ）

（2）可选区域是根据需要在基于模板的页面中任意复制多次的部分，如重复一个表格行。（ ）

（3）使用库项目可以完成对网站中某个板块的修改。（ ）

（4）模板是指将页面中的导航条、版权信息、公司商标等常用的构成元素转换为模板保存起来，在需要的时候调用。（ ）

3. 上机题

（1）在 Dreamweaver CS4 中创建一个模板。

（2）制作一个模板，并将其应用到其他网页中。

（3）在网页中创建一个库项目，并应用到其他网页中。

第 **10** 章
使用框架制作网页

　　本章要点

- 创建框架或框架集
- 框架或框架集的操作
- 链接框架的内容
- 在框架中嵌入网页
- 在网页中使用浮动框架

　　本章将学习使用框架制作网页，框架具有文档与结构分离的功能，所以使用框架布局会使网页布局效率大大提高。希望读者通过对本章内容的学习，能掌握创建框架或框架集，链接框架的内容等知识。

10.1 创建框架或框架集

什么是框架？框架把浏览器窗口划分为若干区域，分别在不同的区域显示不同的网页文档。框架即是网页上定义的一个区域，它是独立存在的 HTML 文档。框架集是由多个框架嵌套组合而成的，它包含同一网页上多个框架的布局、链接和属性信息。

图 10-1 所示为框架与框架集之间的关系，在该框架集中包含了 3 个框架文档。

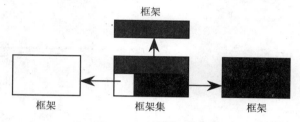

图 10-1　框架集结构

创建框架可以使用两种方法：创建自定义框架和使用预定义框架。

10.1.1 创建自定义框架

创建自定义框架操作步骤如下。

Step 1 执行"查看"→"可视化助理"→"框架边框"命令，使框架边框在文档窗口中可见，如图 10-2 所示。

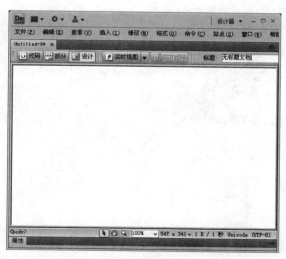

图 10-2　显示框架边框

Step 2 执行下列操作之一，创建一个框架。

- 执行"修改"→"框架集"命令，选择其"子菜单"中的命令，其中包括"拆分左框架、拆分右框架、拆分上框架和拆分下框架"4 项，可根据需要，选择其中一项来创建框架。

- 将光标移到文档窗口的边界线上，拖动光标至相应的位置，即可创建一条边框线，如图 10-3 所示。
- 按下"Alt"键拖动任意一条框架边框，可以垂直或水平分割文档。
- 将光标移到边框框架一个角上拖动框架边框，可拖出 4 个边框，如图 10-4 所示。

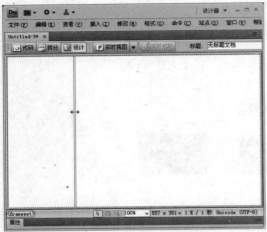

图 10-3　拖动边框线

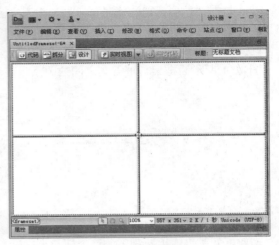

图 10-4　创建框架

10.1.2　创建预定义框架

在 Dreamweaver CS4 中，提供了 13 种常见的框架结构。使用预定义框架，可以很轻松地创建框架。创建一个预定义框架的操作步骤如下。

Step 1　将光标放置到要插入框架的位置。

Step 2　将"插入"选项卡切换至"布局"面板，单击"框架"按钮 ▣▾，弹出的下拉菜单中包括 13 种预定义的框架结构，如图 10-5 所示。

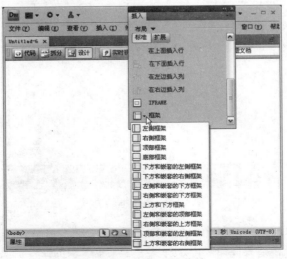

图 10-5　框架下拉菜单

Step 3　选择其中的"顶部和嵌套的左侧框架"按钮　，创建的框架效果如图 10-6 所示。

10.1.3　创建嵌套框架

在 Dreamweaver CS4 中可以创建嵌套框架。创建嵌套框架的操作步骤如下。

Step 1　将光标放置到要插入嵌套框架的框架中。

Step 2　单击"布局"面板上的"框架"按钮　，即可插入嵌套框架，如图 10-7 所示。

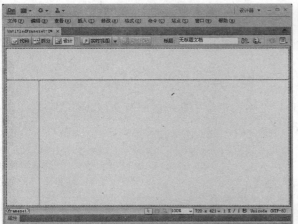

图 10-6　顶部和嵌套的左侧框架　　　　　　图 10-7　插入嵌套框架

▌10.2▌ 框架或框架集的操作

框架是浏览器窗口中的一个区域，它可以显示与浏览器窗口的其他部分显示内容无关的 HTML 文档。

框架集是 HTML 文件，它定义一组框架的布局和属性，包括框架的数目，框架的大小和位置以及在每个框架中初始显示的页面的 URL。

10.2.1　选择框架或框架集

选择框架和框架集可以在"框架"面板中进行，在"框架"面板中选择框架或框架集的操作步骤如下。

Step 1　执行"窗口"→"框架"命令，打开"框架"面板。

Step 2　在"框架"面板中单击某个框架，即可选择这个框架，如图 10-8 所示。单击包围框架的边框，即可选择框架集，如图 10-9 所示。

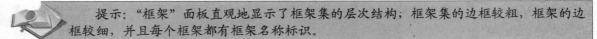

　　提示："框架"面板直观地显示了框架集的层次结构；框架集的边框较粗，框架的边框较细，并且每个框架都有框架名称标识。

图 10-8　选择框架

图 10-9　选择框架集

10.2.2　保存框架或框架集

在浏览器中预览框架集前，必须保存框架集文件以及要在框架中显示的所有文档。

1．保存框架

保存框架的操作步骤如下。

Step 1　将光标放置到需要保存的框架中。

Step 2　执行"文件"→"保存框架"命令，保存该框架文件。

2．保存框架集

保存框架集的操作步骤如下。

Step 1　在"框架"面板中选择要保存的框架集。

Step 2　执行"文件"→"框架集另存为"命令，保存框架集。

　提示：要保存所有框架和框架集，可执行"文件"→"保存全部"命令。

▌10.3▌ 链接框架的内容

要在一个框架中使用链接以打开另一个框架中的文档，必须设置链接目标。例如，导航条位于左框架，要使链接的内容显示在右侧的主要内容框架中，则必须将主要内容框架的名称指定为每个导航条链接的目标，当访问者单击导航链接时，将在主框架中打开指定的内容。

设置目标框架的操作步骤如下。

Step 1　在设计视图中，选择文本或对象。

Step 2　打开"属性"面板，如图 10-10 所示，单击链接框旁边文件夹图标▢，选择要链接到的文件，或直接在链接文本框里输入要链接的文件的路径。

Step 3　当文本或对象被指定了超级链接之后，"属性"面板中的超级链接"目标"框变为激活状态。在"目标"框的下拉菜单中，选择链接的文档应在其中显示的框架或窗口。这就给页面设计带来了极大的方便。用户可以创建一个框架页面，将其中一个框架作为索引框架，另一个作为内容框架。

当单击索引框架中的链接时，在内容框架中便会显示出对应的链接内容。

图 10-10 "属性"面板

10.4 应用实践

10.4.1 任务 1——在框架中嵌入网页

任务要求

学友教育网要求在一个网页中以框架的形式载入视频教学网页。

任务分析

在网页中以框架的形式载入视频教学网页，这样访问者的浏览器不需要为每个页面重新加载与导航相关的图形，而且框架具有自己的滚动条（如果内容太大，在窗口中显示不下），因此访问者可以独立滚动这些框架。可以在左边显示要加载框架的导航文字，当访问者点击时，则在右边显示加载的网页。

任务设计

本例主要使用框架进行布局，并在框架中输入链接文字，然后为框架设置背景颜色，最后设置框架的链接目标，完成框架的链接。完成后的效果如图 10-11 所示。

图 10-11 完成效果

完成任务

Step 1 插入框架。新建一个网页文件，单击"布局"面板上的"框架"按钮 ▦ ▾ 右侧的下拉

按钮，选择"左侧和嵌套的顶部框架"选项，插入一个框架，如图 10-12 所示。

Step 2 设置左侧框架背景颜色。将光标定位于左侧的框架中，执行"修改"→"页面属性"命令，打开"页面属性"对话框，将其背景颜色设置为绿色（#669933），如图 10-13 所示。完成后单击 确定 按钮。

图 10-12　插入框架　　　　　　　　　　图 10-13　设置左侧框架背景颜色

Step 3 输入文字。将光标定位于顶部的框架中，在"页面属性"对话框中将其"背景颜色"设置为绿色（#66CC00）。在顶部的框架中输入"视频教学" 4 个字，如图 10-14 所示。

图 10-14　输入文字

Step 4 输入导航文字。将光标放置于左侧框架中，在该框架中输入导航文字，如图 10-15 所示。然后执行"文件"→"保存全部"命令，保存所有框架。

Step 5 选择链接目标。选中左侧框架中的文字"遮罩动画教程"，打开"属性"面板，单击"链接"文本框右侧的文件夹按钮 ，选择 9.4.2 节中制作的"使用库完善网页"网页，"目标"框变为激活状态，在"目标"下拉列表中选择链接的目标为"mainframe"，如图 10-16 所示。

图 10-15 输入导航文字

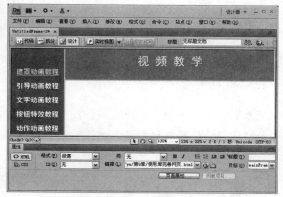

图 10-16 选择链接目标

Step 6 选择网页。选中"mainframe"框架，打开"属性"面板，单击"源文件"文本框右侧的文件夹按钮 📁，在弹出的"选择文件"对话框中选择 9.4.2 节中制作的"使用库完善网页"网页，如图 10-17 所示。如果在"mainframe"框架中不设置源文件，那么在浏览器中如果不单击导航栏的链接，将显示空白。

Step 7 设置链接颜色。执行"修改"→"页面属性"命令，打开"页面属性"对话框，在"分类"列表中选择"链接"选项，将"链接颜色"、"已访问链接"与"活动链接"颜色都设置为白色，将"变换图像链接"颜色设置为红色（#CC3300），在"下划线样式"下拉列表中选择"始终有下划线"选项，如图 10-18 所示，然后单击 确定 按钮。

图 10-17 "选择文件"对话框

图 10-18 设置链接颜色

Step 8 浏览网页。保存网页后按"F12"键浏览，欣赏实例完成效果，如图 10-11 所示。

归纳总结

本例讲述了在框架中嵌入网页的制作方法。需要注意的是，如果不指定在什么框架中加载网页，在浏览器中浏览该页面，单击链接时被链接的文件将无法在框架中打开。

10.4.2 任务 2——在网页中使用浮动框架

任务要求

Spring 服饰有限公司要求在一个网页中以浮动网页的形式给浏览者展现公司的加盟条件。

任务分析

如果一个网页只需要浏览器的窗口大小，但有部分内容很多，这种情况下一般采用浮动框架的方法。这样不会使网页显得很长，这些内容全部显示在框架中，可滚动滚动条来显示其他内容。

任务设计

本例首先制作 Spring 服饰有限公司的加盟条件网页，然后制作一个公司统一风格的网页，最后利用浮动框架将外部的加盟条件网页添加到当前页面中。完成后的效果如图 10-19 所示。

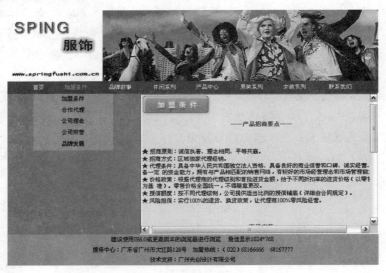

图 10-19　完成效果

完成任务

Step 1　插入表格。新建一个网页文件，执行"插入"→"表格"命令，插入一个 7 行 1 列，表格宽度为"500"像素，边框粗细、单元格边距和单元格间距均为"0"的表格，并在"属性"面板中将表格设置为"居中对齐"，如图 10-20 所示。

Step 2　插入图像。将表格所有的单元格背景颜色设置为灰色（#eeeeee），然后在表格第 1 行单元格中插入一幅图像，如图 10-21 所示。

Step 3　输入产品招商要点标题。将光标放置于表格第 2 行单元格中，在该单元格中输入文字"——产品招商要点——"，文字大小为"12"像素，颜色为紫色（#CC33CC），如图 10-22 所示。

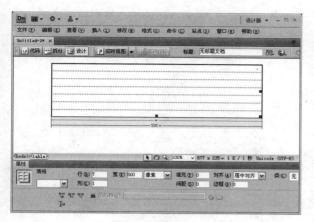

图 10-20　插入表格

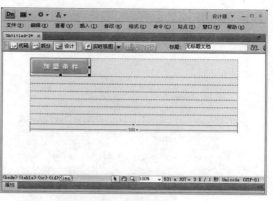

图 10-21　插入图像

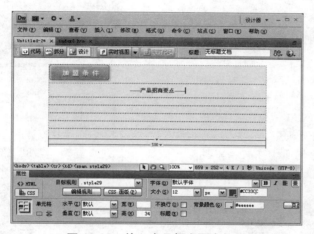

图 10-22　输入产品招商要点标题

Step 4 输入招商要点内容。将光标放置于表格第 3 行单元格中，在该单元格中输入产品招商要点的内容，文字大小为"12"像素，颜色为黑色，如图 10-23 所示。

Step 5 输入市场支持标题。将光标放置于表格第 4 行单元格中，在该单元格中输入文字"——市场支持——"，文字大小为"12"像素，颜色为紫色（#CC33CC），如图 10-24 所示。

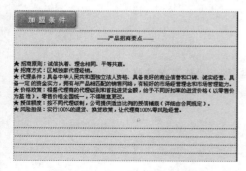

图 10-23　输入招商要点内容

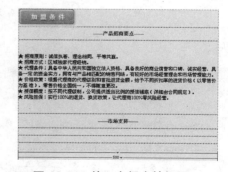

图 10-24　输入市场支持标题

Step 6 输入市场支持内容。将光标放置于表格第 5 行单元格中，在该单元格中输入公司市场支持措施的文字，文字大小为 "12" 像素，颜色为黑色，如图 10-25 所示。

Step 7 输入其他文字。按照同样的方法在表格的第 6 行与第 7 行单元格中输入文字，如图 10-26 所示。

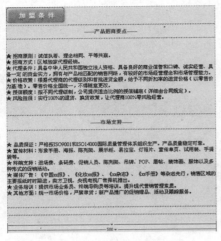

图 10-25 输入市场支持内容

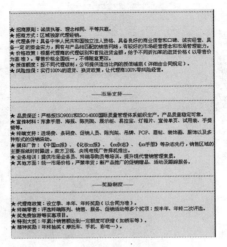

图 10-26 输入其他文字

Step 8 插入表格。执行 "文件" → "保存" 命令，将文件保存并命名为 "jiameng.html"。然后将该文档关闭。新建一个网页，在文档中插入一个 2 行 2 列，宽为 "778" 像素，边框粗细、单元格边距与单元格间距为 "0" 像素的表格，并将表格设置为居中对齐，如图 10-27 所示。

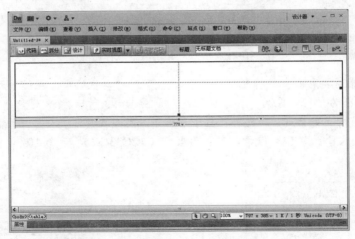

图 10-27 插入表格

Step 9 插入图像。在表格第 1 行的左右两列单元格中分别插入图像，如图 10-28 所示。

Step 10 输入导航文字。将表格第 2 行的左右两列单元格合并，并将合并后单元格的背景颜色设置为紫红色（#FF3467），然后在单元格中输入导航文字，如图 10-29 所示。

图 10-28　插入图像

图 10-29　输入导航文字

Step 11　插入表格。执行"插入"→"表格"命令，插入一个 1 行 2 列，表格宽度为"778"像素，边框粗细、单元格边距和单元格间距均为"0"的表格，并在"属性"面板中将表格设置为"居中对齐"，如图 10-30 所示。

Step 12　设置单元格宽度与背景。将表格左侧的单元格宽度设置为"278"像素，背景颜色设置为黄色（#FF9900），如图 10-31 所示。

图 10-30　插入表格

图 10-31　设置单元格宽度与背景

Step 13　插入嵌套表格。将光标放置于左侧单元格中，在"属性"面板中将"垂直"对齐方式设置为"顶端"，然后在单元格中插入一个 5 行 1 列，表格宽度为"60%"，边框粗细、单元格边距和单元格间距均为"0"的嵌套表格，并在"属性"面板中将嵌套表格设置为"居中对齐"，如图 10-32 所示。

Step 14　输入文字。将嵌套表格各个单元格的背景颜色设置为淡黄色（#E8BD3A），然后分别在各行单元格中输入文字，如图 10-33 所示。

Step 15　添加代码。将光标放置于表格右侧单元格中，单击 代码 按钮，切换到"代码"视图，单击"布局"面板中的 IFRAME 按钮，将"<iframe></iframe>"添加到代码视图中，如图 10-34 所示。

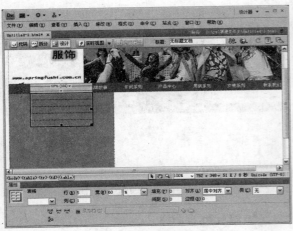

图 10-32 插入嵌套表格

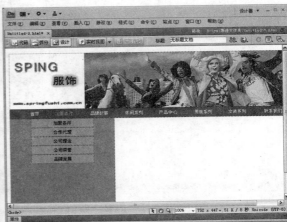

图 10-33 输入文字

Step 16 选择 "height" 选项。将光标定位在 iframe 标记中，按空格键，在弹出的列表中选择 "height" 选项，如图 10-35 所示。

Step 17 设置浮动框架高度。双击选中的 "height"，将其添加到代码视图中，添加到代码视图中后代码为 "<iframe height="">"，在 """" 中输入 "310"，即我们设置的浮动框架的高度，如图 10-36 所示。

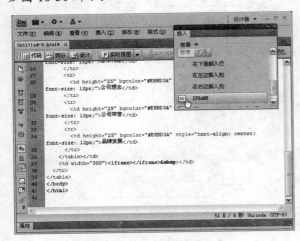

图 10-34 添加代码

图 10-35 选择 "height" 选项

Step 18 输入代码。在 "<iframe height="310"" 后输入代码 "width="500" scrolling="auto" align="middle""，如图 10-37 所示。

Step 19 选择 "src" 选项。在输入的代码后按空格键，在弹出的列表中选择 "src" 选项，如图 10-38 所示。

Step 20 单击 "浏览" 按钮。双击选中的 "src"，将其添加到代码视图中，单击出现的 "浏览" 按钮，如图 10-39 所示。

图 10-36　设置浮动框架高度

图 10-37　输入代码

图 10-38　选择 "src" 选项

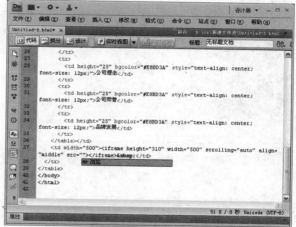

图 10-39　单击 "浏览" 按钮

Step 21　选择网页文档。在弹出的 "选择文件" 对话框中，选择开始制作的 "jiameng.html" 文档，如图 10-40 所示。完成后单击 ◯确定◯ 按钮。

Step 22　添加浮动框架。单击 "属性" 面板中的 ◯刷新◯ 按钮，然后单击 ◯设计◯ 按钮返回 "设计" 视图，浮动框架已添加到页面中，如图 10-41 所示。

Step 23　插入表格。光标放置于页面空白处，执行 "插入" → "表格" 命令，插入一个 3 行 1 列，宽 "778" 像素，边框粗细为 "0" 的表格，并在 "属性" 面板中将其对齐方式设置为居中对齐，如图 10-42 所示。

Step 24　输入文字。将表格各单元格的背景颜色设置为黄色（#E8BD3A），然后在各行单元格中输入文字，如图 10-43 所示。

图 10-40　选择 "jiameng.html" 文档

图 10-41　添加浮动框架

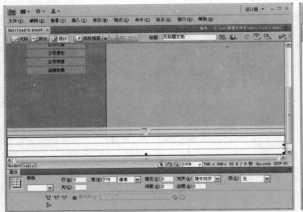

图 10-42　插入表格

图 10-43　输入文字

Step 25　设置上下边距。执行 "修改" → "页面属性" 命令，打开 "页面属性" 对话框，将 "上边距" 与 "下边距" 都设置为 "0"，如图 10-44 所示，完成后单击 确定 按钮。

图 10-44　设置上下边距

Step 26 浏览网页。保存网页后按"F12"键浏览,即可看到浮动框架网页的完成效果,如图 10-19 所示。

归纳总结

本例主要学习了浮动框架的添加,这是网页设计时处理页面经常用到的方式,应着重掌握。浮动框架标记的添加除了应用本例中介绍的方法外,也可以直接在代码视图中需要添加浮动框架的位置输入"<iframe> </iframe>",然后逐步添加其他参数。

▌10.5▌知识链接

10.5.1 框架与框架集属性

框架与框架集都有各自的属性,但框架属性优先于框架集属性。

1. 框架属性

在"框架"面板中单击框架区域选取框架,其"属性"面板如图 10-45 所示。各参数的功能如下。

图 10-45 框架"属性"面板

- 框架名称:在文本框中设置框架的名称。框架名称必须是以英文字母开头的字符,可以含有数字及下划线,但不允许使用连字符(-)、句点(.)和空格。
- 源文件:在当前框架中显示的文档的路径。
- 边框:设置在浏览器中是否显示当前框架的边框,该处的边框设置将覆盖框架集属性中的设置。
- 滚动:设置在当前框架中是否显示滚动条。大多数浏览器默认情况为"自动",即当框架内容在浏览器窗口中不能完全显示时可以通过拖动滚动条来显示。
- 不能调整大小:勾选该选项后,访问者不能通过拖动框架边框来改变浏览器中框架的大小。
- 边框颜色:为所选框架的边框设置边框颜色。
- 边界宽度:以像素为单位设置内容与框架左边和右边的距离。
- 边界高度:以像素为单位设置内容与框架上边和下边的距离。

2. 框架集属性

在"框架"面板中选取框架集后,"属性"面板如图 10-46 所示,各参数功能如下。

- **边框**:确定所选框架集中的框架在浏览器中是否显示边框,选择"否"表示无框架边框。
- **边框宽度**:指定框架集中所有边框的宽度。
- **边框颜色**:设置所有框架边框的颜色。

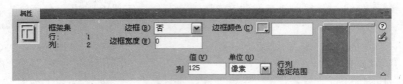

图 10-46　框架集"属性"面板

- ■：表示选取的框架集为左右框架划分，则"值"下方显示为"列"，如图 10-46 所示。若选择的框架集为上下框架划分则"属性"面板中显示为"行"。
- 列/行："值"文本框中设置的值为右侧预览图中深灰色区域的列宽或行高值，在"单位"下拉列表框中可选择"像素"、"百分比"或"相对"为单位。各选项的作用如下。

像素为绝对大小单位，因此"值"中的数据为一个具体的宽度或高度。

- 百分比是设置一个对象与另一个对象的相对比例，在框架分配中是指其他框架用像素分配后，当前框架占剩余空间的百分比。

相对是指当前框架行（或列）相对于其他行（或列）所占的比例。其值一般设置为 1，即使设置为其他值，框架也会自动伸展占满整个窗口。

10.5.2　创建无框架内容

有些浏览器不支持框架网页，Dreamweaver CS4 允许在不支持框架的浏览器中显示内容，并将此类内容存储在框架集文件中，即创建无框架内容。

创建无框架内容的操作步骤如下。

Step 1　创建框架后，执行"修改"→"框架集"→"编辑无框架内容"命令，如图 10-47 所示。

Dreamweaver 将清除"设计"视图中的内容，并且在"设计"视图顶部显示"无框架内容"字样，如图 10-48 所示。

图 10-47　执行菜单命令　　　　　　　　　　图 10-48　创建无框架内容

Step 2　在文档窗口中，像处理普通文档一样输入或插入内容。

Step 3　编辑完成后，再次单击"修改"→"框架集"→"编辑无框架内容"命令，以返回到框架集文档的普通视图。

█ 10.6 █ 自我检测

1. 选择题

（1）在 Dreamweaver CS4 中，提供了（　　）种常见的框架结构。

A．12　　　　　　　　B．13　　　　　　　　C．14　　　　　　　　D．15

（2）执行（　　）菜单中的命令，可使框架边框在文档窗口中可见。

A．编辑　　　　　　　B．插入　　　　　　　C．修改　　　　　　　D．查看

（3）（　　）是把浏览器窗口划分为若干区域，分别在不同的区域显示不同的网页文档。

A．框架　　　　　　　B．框架集　　　　　　C．嵌套框架　　　　　D．左侧框架

2. 判断题

（1）框架集是由多个框架嵌套组合而成的，它包含同一网页上多个框架的布局、链接和属性信息。

（　　）

（2）框架集是 HTML 文件，它定义一组框架的布局和属性。（　　）

（3）在浏览器中预览框架集前，不必保存框架集文件以及要在框架中显示的所有文档。（　　）

（4）要在一个框架中使用链接以打开另一个框架中的文档，必须设置链接目标。（　　）

3. 上机题

（1）创建一个如图 10-49 所示的框架集。

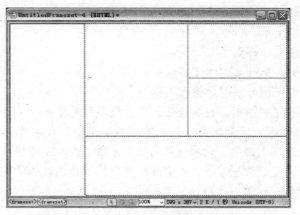

图 10-49　创建框架集

（2）在文档页面中插入顶部框架，并在顶部框架中载入网易网站的首页（http://www.163.com/）。

第 **11** 章
使用表单

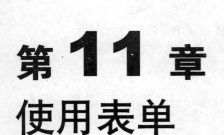 **本章要点**

● 表单概述

● 创建表单

● 创建表单对象

● 使用表单对象创建注册网页

● 使用表单对象创建登录表单

　　我们在浏览网页时，经常会遇到要求填写信息单并提交的情况。在注册邮箱时所填写的页面就是一个表单。本章介绍了表单的创建和使用方法，并且通过实例讲述了表单对象的创建方法。表单在网站的创建中起着重要的作用，应该重点掌握。在实际运用中，读者应该根据不同情况灵活创建表单对象，制作出适用的网页。

11.1 ▌表单概述

使用表单能收集网站访问者的信息，如会员注册信息、意见反馈等。表单的使用需要两个条件，一是描述表单的 HTML 源代码；二是用于处理用户在表单中输入的信息的服务器端应用程序客户端脚本，如 ASP、CGI 等。

一个表单由两部分组成，即表单域和表单对象，如图 11-1 所示。表单域包含处理数据所用的 CGI 程序的 URL 以及数据提交到服务器的方法；表单对象包括文本域、密码域、单选按钮、复选框、弹出式菜单以及按钮等。

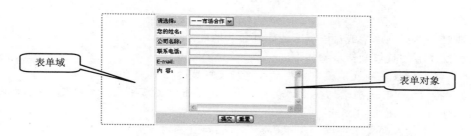

图 11-1　表单的组成

11.2 ▌创建表单

执行"插入"→"表单"命令，或者将"插入"选项卡切换至"表单"面板，单击"表单"按钮 ▥，即可插入一个表单。这时在文档中将出现一个红色虚线框，如图 11-2 所示。

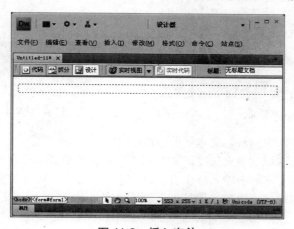

图 11-2　插入表单

红色虚线区域所围起来的就是表单域，各种表单对象都必须插入这个红色虚线区域才能起作用。

▌11.3▐ 创建表单对象

Dreamweaver CS4 中的表单可以包含标准表单对象。Dreamweaver 中的表单对象有文本域、文本区域、输入框、按钮、图像域、复选框、隐藏域及跳转菜单等。

11.3.1 创建文本域

文本域用来在表单中插入文本，访问者浏览网页时可以在文本域中输入相应的信息。文本域又分为单行文本域、多行文本域和密码域。

1. 插入单行文本域

单行文本域通常提供单字或短语响应，如姓名、地址。

创建单行文本域的具体操作步骤如下。

Step 1 将光标放置到表单域中需要插入单行文本域的位置。

Step 2 将"插入"选项卡切换至"表单"面板，单击"文本字段"按钮 ⅠⅡ，此时在光标处会插入一个文本字段，如图 11-3 所示。

Step 3 选中插入的文本字段，其"属性"面板如图 11-4 所示。

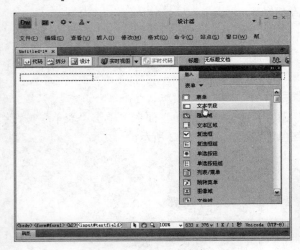

图 11-3 插入文本字段

图 11-4 "文本域"属性面板

- 文本域：在该文本框中输入该文本域的名称。
- 字符宽度：指定文本域的最大长度，文本域的最大长度是该域一次最多可显示的字符数。
- 最多字符数：在该文本框中输入一个值，该值用于限定用户可在文本域中输入的最多字符数，这个值定义文本域的大小限制，而且用于验证该表单。
- 类型：在区域中，可以指定文本域的类型，包括"单行"、"多行"、"密码"3 项。
- 初始值：在该文本框中输入默认文本，当用户浏览器载入此表单时，文本域中将显示此文本。

Step 4 在"类型"区域中选中"单行"单选项，并在插入的文本字段前输入文本，浏览网页时即可在文本域中输入文本，如图 11-5 所示。

提示：当向表单中插入表单对象时，会弹出一个"输入标签辅助功能"对话框，在该对话框中可对表单对象的样式与位置进行设置，如果用户不想每次插入表单对象时都弹出该对话框，可执行"编辑"→"首选参数"命令，在弹出的"首选参数"对话框中的"分类"列表下选择"辅助功能"选项，然后取消对"表单对象"单选项的选择即可，如图 11-6 所示。

图 11-5　输入文本

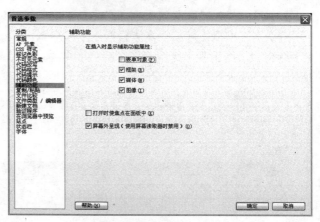

图 11-6　"辅助功能"选项

2. 插入多行文本域

插入多行文本域的具体操作步骤如下。

Step 1　将光标放置到表单中需要插入多行文本域的位置。

Step 2　在"表单"面板中单击"文本区域"按钮 ▣，此时将在光标处插入一个多行文本域，如图 11-7 所示。

选中插入的多行文本域，其"属性"面板如图 11-8 所示，在其中可对各项参数进行设置。

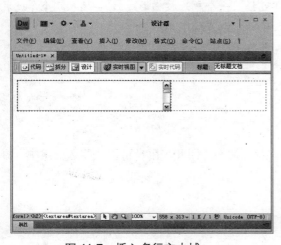

图 11-7　插入多行文本域

图 11-8　多行文本域"属性"面板

- 字符宽度：指定文本区域的最大长度，文本区域的最大长度是该域一次最多可显示的字符数。

- 行数：在该文本框中指定要显示的最多行数。
- 类型：在区域中，可以指定文本域的类型，包括"单行"、"多行"、"密码"3项。
- 初始值：在该文本框中输入默认文本，当用户浏览器载入此表单时，文本域中将显示此文本。

3. 插入密码域

插入密码域的操作步骤如下。

Step 1 将光标放置到表单中需要插入密码域的位置。

Step 2 用刚才讲过的方法插入一个文本域。

Step 3 选中文本域，打开"属性"面板，在"属性"面板上"类型"区域中，选择"密码"单选项，如图11-9所示。

 提示：密码域是特殊类型的文本域。当用户在密码域中输入文本时，所输入的文本被替换为星号或圆点以隐藏该文本，保护这些信息不被看到，如图11-10所示。

图 11-9　选中"密码"单选项　　　　　　　　　图 11-10　密码域

11.3.2　创建单选按钮

单选按钮用于对某项进行单项选择，通常是多个一起使用。选中其中的某个按钮，就会取消选择其他所有的按钮。

创建单选按钮的操作步骤如下。

Step 1 将光标放置到表单中要插入单选按钮的位置。

Step 2 单击"表单"面板上的单选按钮 ⊙，即可插入一个单选按钮 ○。需要插入几个单选按钮就单击 ⊙ 按钮几次。图11-11所示为插入5个单选按钮。

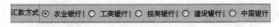

图 11-11　插入单选按钮

11.3.3　创建复选框

复选框对每个单独的响应进行"关闭"和"打开"状态切换。因此，用户可以从复选框组中选择多个选项。

创建复选框的操作步骤如下。

Step 1 将光标放置到表单中要插入复选框的位置。

Step 2 单击"表单"面板上的"复选框"按钮 ☑，即可插入一个复选框，需要插入几个复选框就单击 ☑ 按钮几次。图11-12所示为插入8个复选框。

Step 3 选中复选框，"属性"面板如图11-13所示。在"复选框名称"文本框中输入复选框唯

一的一个描述性名称。

Step 4　在"选定值"文本框中输入复选框键的值。

图 11-12　插入复选框　　　　　图 11-13　复选框"属性"面板

Step 5　在"初始状态"区域中设置复选框的初始状态，选择"已勾选"单选项，插入的复选框中会出现"√"标志，表示初始状态该复选框被选中。选择"未选中"单选项，表示复选框初始状态为未被选中。

11.3.4　创建下拉菜单

下拉菜单使访问者可以从由多项组成的列表中选择一项。当空间有限，但需要显示多个菜单项时，下拉菜单非常有用。创建下拉菜单的操作步骤如下。

Step 1　将光标放置于表单中需要插入下拉菜单的位置。

Step 2　在"表单"面板上单击"列表/菜单"按钮，在光标处插入一个列表框。

Step 3　选中插入的列表框，在"属性"面板中的"类型"中选择"菜单"选项，如图 11-14 所示。

图 11-14　列表/菜单"属性"面板

Step 4　单击 列表值… 按钮，会弹出如图 11-15 所示的对话框。将光标放置于"项目标签"区域中，输入要在该下拉菜单中显示的文本。在"值"区域中，输入在用户选择该项时将发送到服务器的数据。若要向选项列表中添加其他项，可单击 按钮，然后重复上面的步骤；若想删除项目，则可以单击 按钮。图 11-16 所示就是在"列表值"对话框中添加项目时的情形。

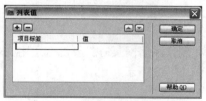　　　　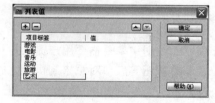

图 11-15　"列表值"对话框　　　　图 11-16　在"列表值"对话框中添加项目

Step 5　设置完成后，单击 确定 按钮。创建的菜单显示在"初始化时选定"列表框中，如图 11-17 所示。

图 11-17　列表项目显示

Step 6 下拉菜单设置完成，按"F12"键浏览，效果如图 11-18 所示。

图 11-18 下拉菜单

▌11.4▌ 应用实践

11.4.1 任务 1——使用表单对象创建注册网页

任务要求

大麦娱乐网站要求为其网站制作一个注册网页。

任务分析

浏览一个网站时要应用该网站的全部功能并享受网站所提供的服务，就需要注册为网站的会员。注册时用户要输入在该网站上所用的用户名、密码以及邮箱等资料。

任务设计

由于在网站注册主要是需要用户提供各种资料，所以在制作注册网页时就要综合运用文本域与单选按钮以及表单按钮等表单对象来制作。完成后的效果如图 11-19 所示。

完成任务

Step 1 插入表格。新建一个网页文件，执行"插入"→"表格"命令，插入一个 1 行 2 列，表格宽度为"600"像素，边框粗细、单元格边距和单元格间距均为"0"的表格，并在"属性"面板中将表格设置为"居中对齐"，如图 11-20 所示。

Step 2 插入图像。分别在表格的左右两列单元格中执行"插入"→"图像"命令，插入图像，如图 11-21 所示。

Step 3 插入表单与表格。执行"插入"→"表单"命令，在网页中插入一个表单。然后将光标放置于表单中，执行"插入"→"表格"命令，插入一个 1 行 1 列，表格宽度为"600"像素，边框粗细为"1"，单元格边距和单元格间距均为"3"的表格，并在"属性"面板中将表格设置为"居中对齐"，如图 11-22 所示。

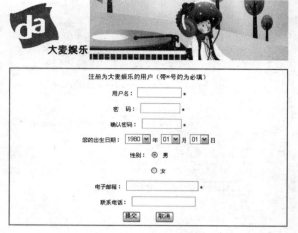

图 11-19 完成效果

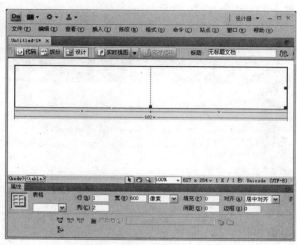

图 11-20 插入表格

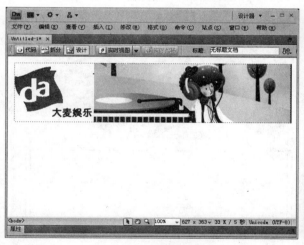

图 11-21 插入图像

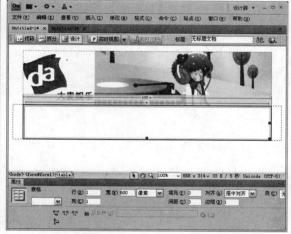

图 11-22 插入表单与表格

Step 4 设置表格边框颜色。选中表格，单击 代码 按钮，切换到"代码"视图，在"<table> width="600" border="1" align="center" cellpadding="3" cellspacing="3" "后添加代码 "bordercolor="#F64454""，如图 11-23 所示。表示将色标值为"#F64454"的颜色，即紫红色作为表格的边框颜色。

Step 5 设置单元格边框颜色。在"代码"视图中的"<td"后添加代码"bordercolor="#F64454""，如图 11-24 所示。表示将色标值为"#F64454"的颜色，即紫红色作为单元格的边框颜色。

Step 6 设置"填充"与"间距"。单击 设计 按钮，切换到"设计"视图，选中表单中的表格，打开"属性"面板，将"填充"与"间距"中的值分别设置为"0"，如图 11-25 所示。

Step 7 插入嵌套表格。将光标放置于表单中的表格中，在"属性"面板上将垂直对齐方式设

置为"顶端",然后执行"插入"→"表格"命令,插入一个 10 行 1 列,表格宽度为"97%",边框粗细、单元格边距和单元格间距均为"0"的嵌套表格,并在"属性"面板中将嵌套表格设置为"居中对齐",如图 11-26 所示。

图 11-23　设置表格边框颜色　　　　　　　　图 11-24　设置单元格边框颜色

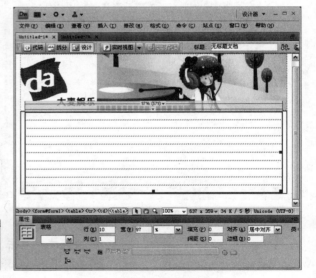

图 11-25　设置"填充"与"间距"　　　　　　图 11-26　插入嵌套表格

Step 8　输入文字并插入文本字段。在嵌套表格第 1 行单元格中输入提示文字,然后在嵌套表格第 2 行单元格中输入文字"用户名:",然后单击"表单"面板上的"文本字段"按钮，插入文本字段。选中插入的文本字段,在"属性"面板上的"字符宽度"文本框中输入"10",在"最多字符数"文本框中输入"20",再在文本字段后输入"*"如图 11-27 所示。

Step 9　插入密码域。在嵌套表格第 3 行单元格中输入文字"密码:",然后单击"表单"面板

上的"文本字段"按钮 ▣，插入一个文本字段。选中插入的文本字段，在"属性"面板上的"字符宽度"文本框中输入"10"，在"最多字符数"文本框中输入"20"，并选中"密码"单选项，再在文本字段后输入"*"，如图 11-28 所示。

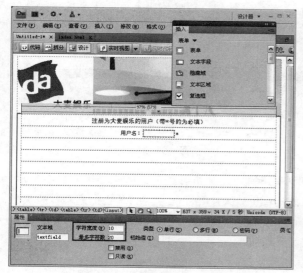

图 11-27　插入文本字段　　　　　　　　　　　图 11-28　插入密码域

Step 10　再次插入密码域。在嵌套表格第 4 行单元格中输入文字"确认密码"，然后单击"表单"面板上的"文本字段"按钮 ▣，插入一个文本字段。选中插入的文本字段，在"属性"面板上的"字符宽度"文本框中输入"10"，在"最多字符数"文本框中输入"20"，并选中"密码"单选项，再在文本字段后输入"*"，如图 11-29 所示。

图 11-29　再次插入密码域

Step 11　输入列表项目。在嵌套表格第 5 行单元格中输入文字"您的出生日期:"，然后单击"表

单"面板上的"列表/菜单"按钮 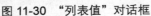，插入一个菜单。选中插入的菜单，单击"属性"面板上的 列表值... 按钮，打开"列表值"对话框，在对话框中的"项目标签"区域中输入如图 11-30 所示的列表项目。

Step 12 选择列表项目。设置完成后，单击 确定 按钮。创建的列表项目显示在"初始化时选定"列表中，选中第 4 项"1980"，如图 11-31 所示。

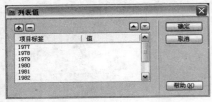

图 11-30 "列表值"对话框

图 11-31 选择列表项目

Step 13 插入下拉菜单。按照同样的方法，在网页中输入文字并插入下拉菜单，如图 11-32 所示。

Step 14 插入单选按钮。在嵌套表格第 6 行单元格中输入文字"性别："，单击"表单"面板上的单选按钮 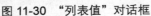，在文字后插入一个单选按钮，然后在单选按钮后输入文字"男"。最后在嵌套表格第 7 行单元格中插入一个单选按钮，并在单选按钮后输入文字"女"，如图 11-33 所示。

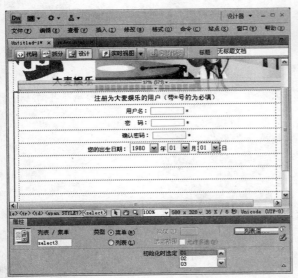

图 11-32 插入下拉菜单

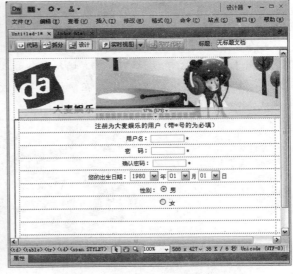

图 11-33 插入单选按钮

Step 15 制作其他表单元素。按照插入文本域的方法，在嵌套表格第 8 行与第 9 行单元格中制作出如图 11-34 所示的表单元素。

Step 16 插入"提交"按钮。将光标放置于嵌套表格第 10 行单元格中，单击"表单"面板上的按钮 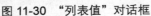，插入一个按钮。选中按钮，在"属性"面板上的"值"文本框中输入"提交"，如图 11-35 所示。

Step 17 插入"取消"按钮。在"提交"按钮后按空格键空几格，然后单击"表单"面板上的按钮 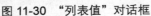，插入一个按钮。选中按钮，在"属性"面板上的"值"文本框中输入"取消"，如图 11-36 所示。

Step 18 浏览网页。保存网页后按"F12"键浏览，即可看到本例的完成效果，如图 11-19 所示。

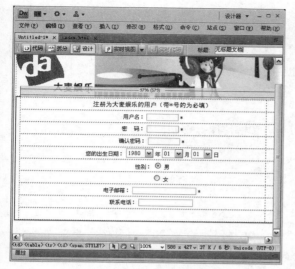

图 11-34　制作其他表单元素

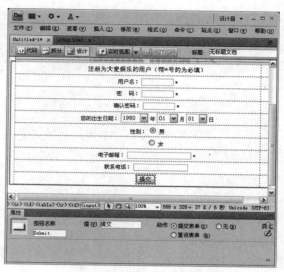

图 11-35　插入"提交"按钮

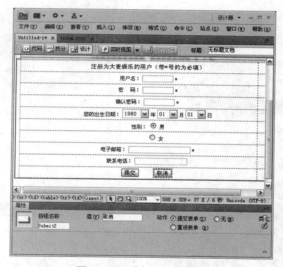

图 11-36　插入取消按钮

归纳总结

本例使用了表单与各种表单对象来创建注册网页。在制作中要注意，制作用户名、密码与电子邮箱的文本字段时，要根据字符数的不同需要来设置字符宽度与最多字符数。

11.4.2　任务 2——使用表单对象创建登录表单

任务要求

大麦娱乐网站要求为其网站制作一个登录页面。

任务分析

在大麦娱乐网站注册了的用户在下次浏览网站时，就可以输入用户名及密码进行登录，这样就能享受大麦娱乐网站的全部服务。考虑到某些用户可能会忘记密码，需要设置找回密码的链接。

任务设计

本实例通过输入文本，综合运用各种表单对象以及设置链接属性来制作登录页面。完成后的效果如图 11-37 所示。

完成任务

Step 1 插入表格与图像。新建一个网页文件，执行"插入"→"表格"命令，插入一个 1 行 2 列，表格宽度为"550"像素，边框粗细、单元格边距和单元格间距均为"0"的表格，并在"属性"面板中将表格设置为"居中对齐"，然后分别在表格的两列单元格中插入图像，如图 11-38 所示。

图 11-37　完成效果

图 11-38　插入表格与图像

Step 2 插入表单与表格。执行"插入"→"表单"命令，在网页中插入一个表单，然后将光标放置于表单中，执行"插入"→"表格"命令，插入一个 6 行 2 列，表格宽度为"550"像素，边框粗细、单元格边距和单元格间距均为"0"的表格，并在"属性"面板中将表格设置为"居中对齐"，如图 11-39 所示。

Step 3 输入提示文字。将光标放置于表格第 1 行左侧的单元格中，输入文字"大麦娱乐网站用户登录"，文字字体为"黑体"，大小为"16"，颜色为橙红色（#F60C0B），如图 11-40 所示。

Step 4 插入文本字段。在表格第 2 行左侧的单元格中输入文字"用户名:"，然后单击"表单"面板上的"文本字段"按钮 ▭，插入一个文本字段。选中插入的文本字段，在"属性"面板上的"字符宽度"文本框中输入"10"，在"最多字符数"文本框中输入"20"，如图 11-41 所示。

Step 5 插入密码输入框。在表格第 3 行左侧的单元格中输入文字"密码:"，然后单击"表单"

面板上的"文本字段"按钮 ，插入一个文本字段。选中插入的文本字段，在"属性"面板上的"字符宽度"文本框中输入"10"，在"最多字符数"文本框中输入"20"，并在"类型"单选组中选中"密码"单选项，如图 11-42 所示。

图 11-39　插入表单与表格

图 11-40　输入提示文字

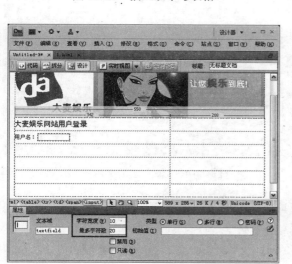

图 11-41　插入文本字段

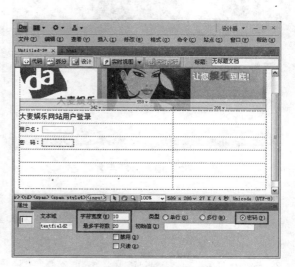

图 11-42　插入密码输入框

Step 6　插入菜单。在表格第 4 行左侧的单元格中输入"Cookie:"，然后单击"表单"面板上的"列表菜单"按钮 ，插入一个菜单。选中插入的菜单，单击"属性"面板上的 列表值... 按钮，打开"列表值"对话框，在对话框中的"项目标签"区域中输入如图 11-43 所示的列表项目。

Step 7　选择菜单项。设置完成后，单击 确定 按钮。创建的列表项目显示在"初始化时选定"列表框中，选中第 1 项"保存一天"，如图 11-44 所示。

Step 8　插入按钮与复选框。将光标放置于表格第 6 行左侧的单元格中，单击"表单"面板上

的"按钮"按钮 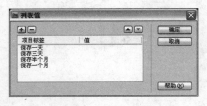，插入一个按钮。选中按钮，在"属性"面板上的"值"文本框中输入"登录"。
然后在"登录"按钮后插入一个复选框，并在复选框后输入文字，如图 11-45 所示。

　　Step 9　输入注册提示文字。将光标放置于表格第 3 行右侧的单元格中，输入文字"没有账号？
请注册"，然后选择"请注册"这 3 个字，在"属性"面板上的"链接"文本框中输入"#"，如图 11-46
所示。

图 11-43　"列表值"对话框

图 11-44　"初始化时选定"列表框

图 11-45　插入按钮与复选框

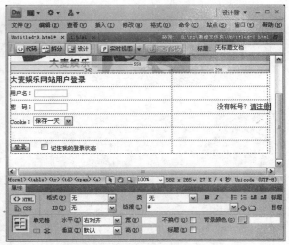

图 11-46　输入注册提示文字

　　Step 10　输入找回密码提示文字。将光标放置于表格第 4 行右侧的单元格中，输入文字"忘记
密码，找回密码"，然后选择"找回密码"这 4 个字，在"属性"面板上的"链接"文本框中输入"#"，
如图 11-47 所示。

　　Step 11　输入清除登录状态提示文字。将光标放置于表格第 5 行右侧的单元格中，输入文字"无
法登录，清除登录状态"，然后选择"清除登录状态"这 6 个字，在"属性"面板上的"链接"文本
框中输入"#"，如图 11-48 所示。

　　Step 12　设置链接属性。单击"属性"面板上的 页面属性... 按钮，弹出"页面属性"对
话框后，选择"链接（CSS）"选项，将"链接颜色"与"已访问链接"设置为橙黄色（#FF0000），将
"变换图像链接"设置为红色（#990000），在"下划线样式"下拉列表中选择"始终有下划线"选项，
如图 11-49 所示。完成后单击 确定 按钮。

　　Step 13　浏览网页。保存网页后按"F12"键浏览，即可看到本例的完成效果，如图 11-37 所示。

图 11-47　输入找回密码提示文字　　　　图 11-48　输入清除登录状态提示文字

归纳总结

本例讲述了使用表单对象创建登录表单的方法。在为登录表单中的文字设置链接时，如果有已经制作好的网页，就可以直接链接到该网页中。例如，为"请注册"这 3 个字设置链接时，就可以直接链接到任务 1 中制作的大麦娱乐网站的注册网页。

图 11-49　设置链接属性

11.5　知识链接

11.5.1　滚动列表

滚动列表可以在有限的空间中显示多个选项，用户可以滚动整个列表，并选择其中的多个项。创建滚动列表的操作步骤如下。

Step 1　插入一个表单，将光标放置于表单中需要插入滚动列表的位置。

Step 2 在"表单"面板上,单击"列表/菜单"按钮 ▣,在光标处插入一个列表框。

Step 3 选中插入的列表框,在"属性"面板中的"类型"中选择"列表"选项,如图 11-50 所示。

Step 4 在"高度"文本框中输入一个数值,指定该列表将显示的行(或项)数。如果指定的数字小于该列表包含的选项数,则出现滚动条。如果允许用户选择该列表中的多个项,请选中下面的"允许多选"复选框。

Step 5 单击 列表值... 按钮,弹出"列表值"对话框后,将光标放置于"项目标签"区域中,输入要在该列表中显示的文本。若要向选项列表中添加其他项,可单击 ➕ 按钮,然后重复以上操作。若想删除项目,则可以单击 ➖ 按钮。图 11-51 所示的就是在"列表值"对话框中添加项目时的情形。

图 11-50 列表/菜单"属性"面板

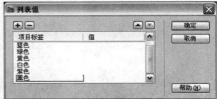
图 11-51 "列表值"对话框

Step 6 设置完成后,单击 确定 按钮。创建的列表项目将显示在"初始化时选定"列表框中,如图 11-52 所示。

Step 7 滚动列表设置完成,按"F12"键浏览,效果如图 11-53 所示。

图 11-52 列表项目显示

图 11-53 滚动列表

11.5.2 跳转菜单

网站上随处可见的跳转菜单是一种选项弹出式的菜单,菜单上的选项通常链接到另外一些网页(或其他对象)。当浏览者选择菜单选项时,将激活相应链接。创建跳转菜单的操作步骤如下。

Step 1 新建一个网页文档,单击"属性"面板上的 页面属性... 按钮,打开"页面属性"对话框,单击"背景图像"文本框右侧的 浏览(B)... 按钮,为网页设置一幅背景图像,如图 11-54 所示。完成后单击 确定 按钮。

Step 2 执行"插入"→"表单"命令,在文档中插入一个表单。

Step 3 将光标放置到表单中需要插入跳转菜单的位置。

Step 4 单击"表单"面板上的"跳转菜单"按钮 ➡,将弹出如图 11-55 所示的"插入跳转菜

单"对话框。

Step 5　在"菜单项"中单击 **+** 按钮，添加新项，单击 **—** 按钮，删除所选的项，单击 **▲**、**▼** 按钮，调整"菜单项"中各项的顺序。

Step 6　在"文本"文本框中输入显示该菜单项的文本，如图 11-56 所示。

图 11-54　"页面属性"对话框

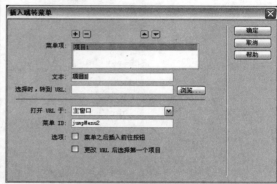

图 11-55　"插入跳转菜单"对话框

Step 7　在"打开 URL 于"下拉列表中指定目标文件的打开位置。

Step 8　在"菜单 ID"文本框中输入菜单名称，这一步通常可以省略。

Step 9　在"选项"区域中，若选中"菜单之后插入前往按钮"复选框，前往 按钮将作为触发跳转按钮。若选中"更改 URL 后选择第一个项目"复选框，可以跳转后重新定义菜单的第一个选项为默认选项。

Step 10　设置完成，单击 确定 按钮，即成功地创建了跳转菜单。保存文件，按"F12"键浏览网页，效果如图 11-57 所示。

图 11-56　输入文本

图 11-57　浏览网页

11.5.3　图像域

在文档页面中可以使用指定的图像作为按钮图标，这样可使页面看起来更美观，这就要用到图像域。创建图像域的操作步骤如下。

Step 1 将光标放置到表单中需要插入图像域的位置。

Step 2 单击"表单"面板上的"图像域"按钮 ，将弹出如图 11-58 所示的对话框。

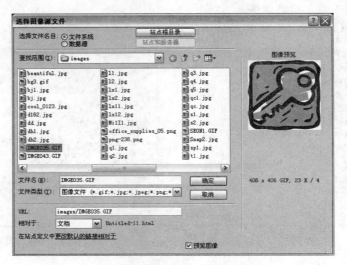

图 11-58 "选择图像源文件"对话框

Step 3 选择一个图片文件，然后单击 确定 按钮，将图片插入到表单中，如图 11-59 所示。

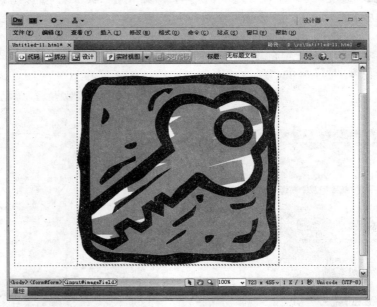

图 11-59 插入"图像域"

Step 4 选中在表单中插入的图像域，其"属性"面板如图 11-60 所示。

Step 5 在"替换"文本框中可以输入图像的替换文字。若在浏览器中不显示图像时，将显示该替换文字，这里输入"进入网站"。

Step 6 图像域创建完成，按"F12"键浏览，效果如图 11-61 所示。

图 11-60 图像域"属性"面板

图 11-61 浏览网页

11.6 自我检测

1. 填空题

（1）一个表单由＿＿＿＿和＿＿＿＿两部分组成。

（2）在"表单"面板中单击 ☑ 按钮，表示在页面中插入＿＿＿＿。

（3）在列表框"属性"面板的"类型"区域中，选择"菜单"单选项则会创建＿＿＿＿。

2. 判断题

（1）表单就是表单对象。（　　　）

（2）在 Dreamweaver CS4 中，要创建表单对象，应该执行"编辑"菜单中的命令。（　　　）

（3）表单中包含各种对象，如文本域、复选框和图像域。（　　　）

（4）滚动列表可以在有限的空间中显示多个选项，用户可以滚动整个列表，并选择其中的多个项。（　　　）

3. 上机题

（1）创建一个如图 11-62 所示的下拉菜单。

（2）使用 Dreamweaver CS4 制作一个如图 11-63 所示的跳转菜单。

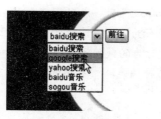

图 11-62 下拉菜单　　图 11-63 跳转菜单　　　　图 11-64 募捐表单

（3）综合运用本章所学的知识，制作一个如图 11-64 所示的募捐表单。

操作提示如下。

Step 1 在网页中插入表格，将其设置为居中对齐，并插入一幅图像。

Step 2 将光标放置于表格的第 2 行单元格中，单击"表单"按钮 ▣ ，插入表单。

Step 3 在表单域中插入表单对象和文字。

第 12 章
使用行为制作网页特效

📖 **本章要点**

- 行为的概念
- 使用行为面板
- 内置行为的使用
- 在网页中放大图像
- 制作汽车网站弹出广告

　　Dreamweaver 能够在众多的同类软件中赢得一席之地，主要归功于它提供了完全开放的插件环境，能创造出令人耳目一新的网页特效。本章主要向读者介绍了 Dreamweaver CS4 中的行为，希望读者通过对本章内容的学习，能够理解行为的概念，掌握内置行为的使用等知识。学习并掌握本章中所讲述的内容，对于制作网页中的特效是非常有用的。

▌12.1 ▌ 行为的概念

　　行为由 JavaScript 函数和事件处理程序组成，JavaScript 函数在 Dreamweaver 中作为动作。所有动作都响应事件。Dreamweaver 中的行为是将 JavaScript 代码放置在文档中，以允许访问者与 Web 页进行交互，从而以多种方式更改页面或引起某些任务的执行。

　　行为由事件和触发该事件的动作组成。在"行为"面板中，可以先指定一个动作，然后指定触发该动作的事件，从而将行为添加到页面中。

- 事件是浏览器生成的消息，表示该页的访问者执行了某种操作。例如，当访问者将鼠标移动到某个链接上时，浏览器为该链接生成一个"onMouseOver"事件；然后浏览器将查看在该页中是否存在该链接生成该事件时浏览器应该调用的 JavaScript 代码。不同的对象定义不同的事件。例如，"onMouseOver"和"onClick"是与链接关联的事件，而"onLoad"是与图像和文档的 body 部分关联的事件。
- 动作由预先编写的 JavaScript 代码组成。这些代码执行特定的任务，如打开浏览器窗口、显示或隐藏层、播放声音或控制影片播放等。

　　在将行为附加到对象上之后，在浏览器中只要该元素发生了所指定的事件，浏览器就会调用与该事件关联的动作。例如，将"弹出消息"动作附加到某个链接，并指定它将由"onMouseOver"事件触发，那么只要某人在浏览器中用鼠标指针指向该链接，就会在对话框中弹出给定的消息。

　　单个事件可以触发多个不同的动作，可以指定这些动作发生的顺序和时间。

▌12.2 ▌ 使用行为面板

　　在 Dreamweaver CS4 中，对行为的添加和控制主要通过"行为"面板来实现。可执行"窗口"→"行为"命令，打开"行为"面板，如图 12-1 所示。也可以按"Shift+F4"组合键打开"行为"面板。

　　在"行为"面板上，选择 按钮表示显示触发事件，即显示已经设置了的行为，当单击行为列表中所选事件名称旁边的箭头按钮出现菜单时就是行为已经被设置。只有在选择了行为列表中的某个事件时才显示此菜单。所选对象不同，显示的事件也会有所不同。

　　选择 按钮显示所有事件，在列表中有一个选择触发事件的下拉菜单按钮 ，如图 12-2 所示。

图 12-1　"行为"面板

图 12-2　下拉菜单

　　面板标题条上的 按钮，是为选定的对象加载动作，即自动生成一段 JavaScript 程序代码。单

击该按钮，打开下拉菜单，如图 12-3 所示。用户可以在其中指定加载的动作及参数。需要注意的是，如果在空白的文档中打开此菜单，大部分菜单都是灰色的，这是由于对普通文本不能加载行为动作。

图 12-3　下拉菜单

按钮的作用是删除已加载的动作。当未加载任何动作时，该按钮呈灰色。

、 这两个按钮用来将特定事件的所选动作在行为列表中向上或向下移动。在多个动作都有相同的触发事件时，这个功能才有用处。图 12-3 中所示的是 Dreamweaver CS4 在 NS4.0、IE4.0 及以上版本中所支持的动作，下面就对此加以介绍。

- 建议不再使用：建议不再使用的一些过时的行为动作。
- 交换图像：通过改变 img 标记的 src 属性改变图像，利用该动作可创建活动按钮或其他图像效果。
- 弹出信息：显示带指定信息的 JavaScript 警告。用户可在文本中嵌入任何有效的 JavaScript 功能，如调用、属性、布局变量或表达式（需用 "{}" 括起来）。例如，本页面的 URL 为 "{window.location}"、今天是 "{new Date()}"。
- 恢复交换图像：恢复交换图像为原图。
- 打开浏览器窗口：在新窗口中打开 URL，并可设置新窗口的尺寸等属性。
- 拖动 AP 元素：利用该动作可允许用户拖动层。
- 改变属性：改变对象属性值。
- 效果：制作增大/搜索等效果。
- 显示-隐藏元素：显示或隐藏一个或多个层窗口，或者恢复其缺省属性。
- 检查插件：利用该动作可根据访问者所安装的插件，给其发送不同的网页。
- 检查表单：检查输入框的内容，以确保用户输入的数据格式正确无误。
- 设置导航栏图像：将图像加入导航条或改变导航条的图像显示。
- 设置文本：包括 4 项功能，分别为设置层文本、设置文本域文字、设置框架文本、设置状态栏文本。
- 调用 JavaScript：执行 JavaScript 代码。
- 跳转菜单：当用户创建了一个跳转菜单时，Dreamweaver 将创建一个菜单对象，并为其附加行为。在"行为"面板中双击跳转菜单动作可编辑跳转菜单。
- 跳转菜单开始：当用户已经创建了一个跳转菜单时，会在其后添加一个行为动作按钮 前往 。
- 转到 URL：在当前窗口或指定框架打开新页面。
- 预先载入图像：使该图像在页面载入浏览器缓冲区之后不会立即显示。它主要用于时间线、行为等，防止因下载引起的延迟。
- 显示事件：显示所适合的浏览器版本。
- 获取更多行为：从网站上获得更多的动作功能。

▌12.3▌ 内置行为的使用

12.3.1　交换图像

"交换图像"动作用于改变 img 标记的 src 属性，即用另一张图像替换当前的图像。使用这个动作

可以创建按钮变换和其他图像效果（包括一次变换多幅图像）。

因为这个动作只影响到 src 属性，所以变换图像的尺寸应该一致（高度和宽度与初始图像相同），否则交换的图像显示时会被压缩或拉伸。

使用"交换图像"动作的具体操作步骤如下。

Step 1　在页面中插入图像，并在图像"属性"面板上的"ID"文本框中输入图像的名称，如图 12-4 所示。还可以插入多幅图像，将这些图像作为原始图像。

图 12-4　输入图像名称

Step 2　选择要附加替换图像行为的图像。单击"行为"面板上的 **+** 按钮，在打开的"动作"快捷菜单中选择"交换图像"命令，打开"交换图像"对话框，如图 12-5 所示。

Step 3　在"图像"列表框中，选择要设置替换图像的原始图像。

Step 4　在"设定原始档为"文本框中输入替换后的图像文件的路径和名称，或单击 浏览... 按钮，选择图像文件，如图 12-6 所示。

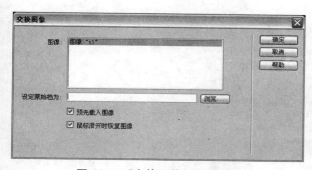

图 12-5　"交换图像"对话框

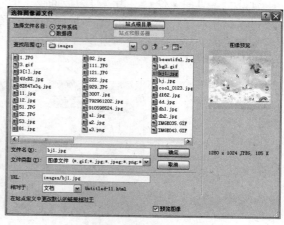

图 12-6　选择替换图像文件

Step 5　如果要设置多个替换图像，可重复上面的步骤。

Step 6　选中"预先载入图像"和"鼠标滑开时恢复图像"复选框，表示无论图像是否被显示都会被下载，并当鼠标离开附加行为的对象时，恢复显示所有的原始图像。

Step 7　设置完毕，单击 确定 按钮，确认操作。

Step 8　在"行为"面板中出现"恢复交换图像"行为，如图 12-7 所示，选择相应的事件项即可。

12.3.2　恢复交换图像

"恢复交换图像"动作，指当鼠标指针移出对象区域后，所有被替换显　　图 12-7　完成行为设置

示的图像恢复为原始图像。一般在设置替换图像的动作时，会自动添加替换图像恢复动作。如果在附加"交换图像"时选择了"恢复"选项，就不需要手动选择"恢复交换图像"动作。

如果在设置"交换图像"动作时，没有选中"鼠标滑开时恢复图像"复选框，可以手工设置图像恢复动作，具体操作如下。

Step 1　选择网页中添加了交换图像的对象。

Step 2　单击"行为"面板上的 ➕ 按钮，打开"动作"快捷菜单，选择"恢复交换图像"命令，打开"恢复交换图像"对话框，如图 12-8 所示。

图 12-8　"恢复交换图像"对话框

Step 3　单击 确定 按钮，确认操作，便可为对象附加"恢复交换图像"行为。

Step 4　在"行为"面板中选择相应的事件项。

12.3.3　打开浏览器窗口

使用"打开浏览器窗口"动作可在一个新的窗口中打开 URL。可以指定新窗口的属性（包括其大小）、特性（是否可以调整大小、是否具有菜单栏等）和名称。例如，用户可以使用此行为在访问者单击缩略图时在一个单独的窗口中打开一个较大的图像。使用此行为，可以使新窗口与该图像恰好一样大。

打开一个页面文档，单击"行为"面板中的 ➕ 按钮，在弹出的"动作"快捷菜单中选择"打开浏览器窗口"命令，弹出如图 12-9 所示的对话框后，在"要显示的 URL"文本框设置打开窗口中要显示的网页的 URL，再设置弹出窗口的宽度和高度，在"属性"栏中可选择弹出窗口是否包括以下组成部分。

图 12-9　"打开浏览器窗口"对话框

- 导航工具栏：浏览器窗口的基本导航工具栏。
- 菜单条：浏览器窗口的菜单。
- 地址工具栏：浏览器窗口中的地址栏。
- 需要时使用滚动条：如果勾选此选项，那么如果页面内容较多，窗口会出现滚动条，否则不出现。
- 状态栏：浏览器下方的状态栏。
- 调整大小手柄：如果勾选此项，则浏览器窗口大小可调，否则不可调。
- 窗口名称：如果浏览器按这个名字找到了一个窗口或框架，它就在这个窗口中打开网页，否则，浏览器会为网页生成一个新的窗口。

12.3.4　调用 JavaScript

调用 JavaScript 动作允许使用"行为"面板指定发生某个事件时，应该执行的自定义或 JavaScript 代码行，可以自己编写或使用 Web 上免费的代码库提供的 JavaScript 代码。

使用"调用 JavaScript"动作的具体操作如下。

Step 1　在网页中选择一个附加行为的对象，如一个按钮。

Step 2　单击"行为"面板上的 ┿▾ 按钮，打开"动作"快捷菜单，选择"调用 JavaScript"命令，打开"调用 JavaScript"对话框，如图 12-10 所示。

Step 3　在"JavaScript"文本框中输入要触发的函数名称。例如，如果要创建一个关闭当前页面的按钮，可以输入"window.close（）"。

Step 4　单击 确定 按钮，确定操作。

Step 5　在"行为"面板中选择相应的事件项，如"onClick"。

Step 6　保存页面，按"F12"键浏览页面。当单击按钮时，会弹出如图 12-11 所示的对话框，单击 是(Y) 按钮将关闭页面。

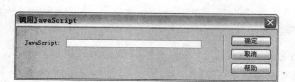

图 12-10　"调用 JavaScript"对话框　　　　　图 12-11　关闭页面对话框

12.3.5　转到 URL

"转到 URL"可以设置在指定的框架中或在当前的浏览窗口中载入指定的页面。此操作尤其适用于通过一次单击更改两个或多个框架的内容。

使用"转到 URL"动作的具体操作步骤如下。

Step 1　在页面上选择要附加行为的对象。

Step 2　单击"行为"面板中的 ┿▾ 按钮，在打开的"动作"快捷菜单中选择"转到 URL"命令，打开"转到 URL"对话框，如图 12-12 所示。

图 12-12　"转到 URL"对话框

Step 3 在"打开在"列表框中选择打开链接目标锚端文档的窗口。

Step 4 在"URL"文本框中输入设置链接的 URL 地址或单击 浏览... 按钮，选择链接文档。

Step 5 设置完成后单击 确定 按钮，确认操作。

Step 6 在"行为"面板上选择相应的事件。

12.3.6 设置文本

1. 设置文本域文字

"设置文本域文字"动作是用户以指定的内容替换表单文本域的内容。可以在文本中嵌入任何有效的 JavaScript 函数调用、属性、全局变量或其他表达式。若要嵌入一个 JavaScript 表达式，必须将其放置在大括号"{}"中。

在页面中使用文本域动作，具体的操作方法如下。

Step 1 在页面上选择已经创建的文本域，打开"行为"面板。

Step 2 在"行为"面板上单击 +. 按钮，在弹出的快捷菜单中选择"设置文本"→"设置文本域文字"命令，将弹出"设置文本域文字"对话框，如图 12-13 所示。

Step 3 在对话框中的"文本域"下拉列表中选择目标文本域。

Step 4 在"新建文本"文本框中输入文本。

Step 5 设置完毕，单击 确定 按钮。

Step 6 在"行为"面板上选择相应的事件。

2. 设置框架文本

"设置框架文本"动作允许用户动态设置框架的文本，以用户指定的内容替换框架的内容和格式。此内容可以包含任何有效的 HTML 代码。使用"设置框架文本"动作可以动态显示信息。

尽管"设置框架文本"动作会替换框架的格式设置，但是仍可以在"设置框架文本"对话框中勾选"保留背景色"复选框以保留网页背景和文本颜色属性。

可以在文本中嵌入任何有效的 JavaScript 函数调用、属性、全局变量或其他表达式。若要嵌入一个 JavaScript 表达式，必须将其放置在大括号"{}"中。

要使用"设置框架文本"动作，操作方法如下。

Step 1 在已设置框架结构的页面上打开"行为"面板。

Step 2 在"行为"面板上单击 +. 按钮，在弹出的快捷菜单中选择"设置文本"→"设置框架文本"命令，将弹出"设置框架文本"对话框，如图 12-14 所示。

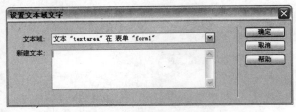

图 12-13 "设置文本域文字"对话框

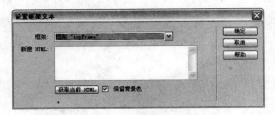

图 12-14 "设置框架文本"对话框

Step 3　在"设置框架文本"对话框中的"框架"下拉列表中选择目标框架。

Step 4　单击 获取当前 HTML 按钮复制当前目标框架"body"部分的内容。在"新建 HTML"文本框中输入代码，如图 12-15 所示。

Step 5　设置完毕后，单击 确定 按钮。

Step 6　在"行为"面板上选择相应的事件。

3. 设置状态栏文本

"设置状态栏文本"动作用于在浏览器状态栏中显示信息。弹出消息框多用来显示一些重要信息，如警告信息等；而状态栏文本则不同，它可以用来显示一些提示性信息，如帮助信息、说明信息等。

在页面中使用"设置状态栏文本"动作的具体操作方法如下。

Step 1　在网页中插入一幅图像，然后单击状态栏上的"<body>"标签，如图 12-16 所示。

图 12-15　设置框架文本　　　　　　图 12-16　单击"<body>"标签

Step 2　在"行为"面板上单击 ＋, 按钮，在弹出的快捷菜单中选择"设置文本"→"设置状态栏文本"命令，将弹出如图 12-17 所示的"设置状态栏文本"对话框。

Step 3　在"消息"文本框中输入文本，如"欢迎到本网站下载图片!"，如图 12-18 所示。完成后单击 确定 按钮。

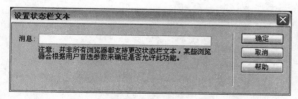

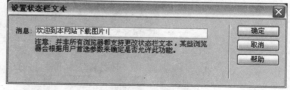

图 12-17　"设置状态栏文本"对话框　　　　　图 12-18　输入文本

Step 4　在"行为"面板上打开事件菜单，选择"onLoad"事件，如图 12-19 所示。

Step 5　保存页面，按"F12"键浏览页面。页面左下角会出现在"消息"文本框中所输入的文本，如图 12-20 所示。

图 12-19　选择事件

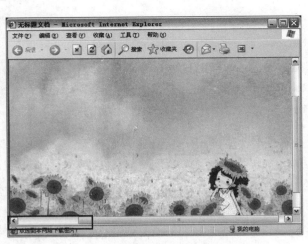

图 12-20　浏览页面

▌12.4▐ 应用实践

12.4.1　任务 1——在网页中放大图像

任务要求

Spring 服饰有限公司要求在其"女装系列"子页中将鼠标指针经过的图像进行放大显示。

任务分析

根据 Spring 服饰有限公司的要求，需要制作一个当浏览者将鼠标指针移到缩略图上时，在网页中显示对应的大图的效果，这需要在网页中留下足够的位置来放置大图。

任务设计

本例中通过交换图像行为功能，制作当鼠标指针经过图像时在大图像区域显示大图像的功能，完成后的效果如图 12-21 所示。

图 12-21　完成效果

完成任务

Step 1　制作网页元素。新建一个网页文件，按照 10.4.2 节任务 2 中制作 Spring 服饰有限公司加盟条件网页的方法，制作出如图 12-22 所示的网页元素。

Step 2　插入嵌套表格。将光标放置于表格第 2 行右侧的单元格中，在"属性"面板上将"垂直"对齐方式设置为"顶端"，执行"插入"→"表格"命令，插入一个 2 行 5 列，表格宽度为"100%"，边框粗细、单元格边距和单元格间距均为"0"的表格，如图 12-23 所示。

图 12-22　制作网页元素

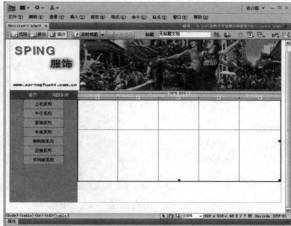

图 12-23　插入嵌套表格

Step 3　插入图像。分别在嵌套表格第 1 行的 5 列单元格中执行"插入"→"图像"命令，插入图像，如图 12-24 所示。

Step 4　合并单元格并插入图像。将嵌套表格第 2 行的 5 列单元格全部合并，然后将光标放置于合并后的单元格中，插入一幅嵌套表格第 1 行第 1 列单元格中小图对应的大图，并在"属性"面板上将其"ID"设置为"big"，如图 12-25 所示。

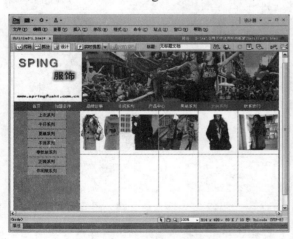

图 12-24　插入图像

图 12-25　合并单元格并插入图像

Step 5 打开"交换图像"对话框。选择嵌套表格第 1 行第 1 列单元格中的小图，打开"行为"面板，单击 ➕ 按钮，在弹出的"动作"快捷菜单中选择"交换图像"命令，打开"交换图像"对话框，如图 12-26 所示。

Step 6 选择大图。在"交换图像"对话框的"图像"列表中选择"图像'big'"，在"设定原始档为"文本框中输入小图对应的大图的路径和名称，或单击 浏览... 按钮，在弹出的"选择替换图像文件"对话框中选择小图对应的大图，如图 12-27 所示。

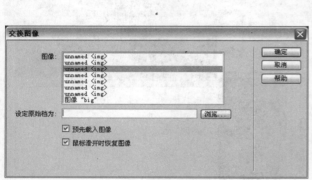

图 12-26 "交换图像"对话框

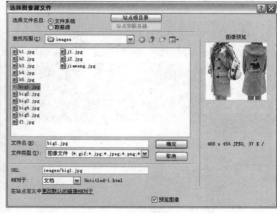

图 12-27 选择大图

Step 7 取消复选框的选择。完成后单击 确定 按钮，返回"交换图像"对话框，取消对"鼠标滑开时恢复图像"复选框的选择，如图 12-28 所示。

Step 8 插入第 2 幅大图像。完成后单击 确定 按钮，将嵌套表格第 2 行的大图删除，然后插入一幅嵌套表格第 1 行第 2 列单元格中小图对应的大图，并在"属性"面板上将其"ID"设置为"big"，如图 12-29 所示。

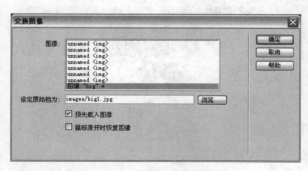

图 12-28 取消复选框的选择

图 12-29 插入第 2 幅大图像

Step 9 设置第 2 幅大图像。选择嵌套表格第 1 行第 2 列单元格中的小图，打开"交换图像"对话框，在对话框的"图像"列表中选择"图像'big'"，在"设定原始档为"文本框中设置小图对应

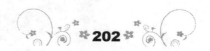

的大图，并取消对"鼠标滑开时恢复图像"复选框的选择，如图 12-30 所示。

Step 10 插入其余大图像。按照同样的方法，分别为嵌套表格第 1 行第 3 列～第 5 列单元格中的小图设置对应的大图，并应用"交换图像"动作。注意要将大图的"ID"设置为"big"，如图 12-31 所示。

图 12-30　设置第 2 幅大图像　　　　　　　　　图 12-31　插入其余大图像

Step 11 浏览网页。保存网页后按"F12"键浏览，当鼠标指针经过小图时，会在下方显示对应的大图，如图 12-21 所示。

归纳总结

本例讲述了使用"交换图像"动作在网页中放大图像的制作方法。本例中的放大图像方法常用于产品展示、相册等页面中。在动手制作放大图像效果时，要先将小图与小图对应的大图准备好，然后再开始制作。

12.4.2　任务 2——制作汽车网站弹出广告

任务要求

"爱车网"要求为其首页制作一个弹出式广告。

任务分析

弹出式广告是指广告不内嵌在网页中，而是在当前页面上方单独弹出一个独立的浏览窗口，并在该窗口中显示广告内容。这类广告的优点是可以使用较大面积的页面空间来显示广告内容，且广告醒目，容易被网页浏览者注意。要起到广告的作用，不但广告页面要美观，而且需要在"爱车网"的首页打开后立即弹出广告。

任务设计

本实例在设计制作时，首先要将广告页面制作出来，为了使广告页面美观，需要应用外部图像编

辑器来编辑。然后打开"爱车网"的首页，为其添加"打开浏览器窗口"动作，为了在"爱车网"的首页打开后立即弹出广告，最后还需要选择"onLoad"事件。完成后的效果如图 12-32 所示。

完成任务

Step 1 插入表格。新建一个网页，执行"插入" → "表格"命令，插入一个 1 行 1 列，宽为"665"像素的表格，并在"属性"面板中将其对齐方式设置为居中对齐，"填充"和"间距"都设置为"0"，如图 12-33 所示。

图 12-32　完成效果

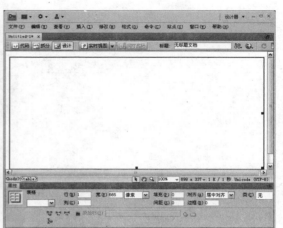

图 12-33　插入表格

Step 2 插入图像。将光标放置于表格中，执行"插入" → "图像"命令，将一幅图像插入到表格中，如图 12-34 所示。

Step 3 单击"编辑"按钮。选中插入的图像，打开"属性"面板，单击"编辑"按钮 FW，如图 12-35 所示。

图 12-34　插入图像

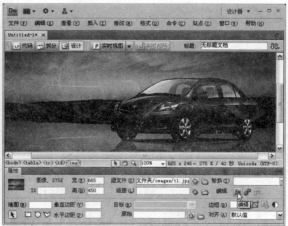

图 12-35　单击"编辑"按钮

Step 4 选择文件。系统弹出"查找源"对话框询问是否希望使用 Fireworks PNG 文档作为图像

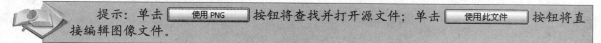

的源文件，单击 使用此文件 按钮，如图 12-36 所示。

提示：单击 使用 PNG 按钮将查找并打开源文件；单击 使用此文件 按钮将直接编辑图像文件。

Step 5　输入文本。打开外部图像编辑器 Fireworks 编辑图像，单击工具箱中的"文本"工具 **A**，在图片上输入文本，如图 12-37 所示。

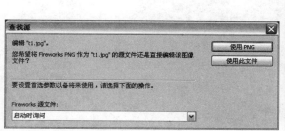

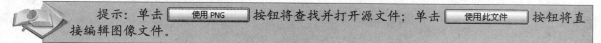

图 12-36　"查找源"对话框

图 12-37　输入文本

Step 6　单击"完成"按钮。编辑好图像之后，单击图像上方的 完成 按钮，如图 12-38 所示。

Step 7　查看编辑效果。返回至 Dreamweaver 中，可以看到对图像所做的修改会直接反映在网页中，如图 12-39 所示。

图 12-38　单击"完成"按钮

图 12-39　查看编辑效果

Step 8　设置边距。单击"属性"面板上的 页面属性... 按钮，弹出"页面属性"对话框后，在"左边距"、"右边距"、"上边距"和"下边距"文本框中都输入"0"，如图 12-40 所示。完成后单击 确定 按钮。

Step 9 执行"文件"→"保存"命令，将网页文档保存，并命名为"汽车网页广告.html"。完成后打开 6.3.2 节中制作的"爱车网"首页——"使用表格与图像制作汽车网页.html"。然后单击文档窗口左下角的"〈body〉"标签，如图 12-41 所示。

图 12-40 "页面属性"对话框

图 12-41 单击"〈body〉"标签

Step 10 打开"打开浏览器窗口"对话框。执行"窗口"→"行为"命令，打开"行为"面板，在面板上单击 **+.** 按钮，在弹出的快捷菜单中选择"打开浏览器窗口"命令，打开"打开浏览器窗口"对话框，如图 12-42 所示。

Step 11 设置广告并选择事件。在"要显示的 URL"文本框中输入"汽车网页广告.html"，在"窗口宽度"和"窗口高度"文本框中分别输入"665"与"450"，在"窗口名称"文本框中输入"弹出广告"，如图 12-43 所示。完成后单击 确定 按钮。然后在"行为"面板上选择"onLoad"事件，如图 12-44 所示。

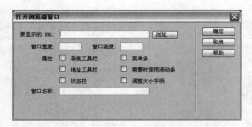

图 12-42 "打开浏览器窗口"对话框

图 12-43 在对话框中进行设置

Step 12 浏览网页。保存网页后按"F12"键浏览，在打开网页的同时会弹出广告窗口，效果如图 12-32 所示。

图 12-44 "行为"面板

归纳总结

本例制作汽车网站弹出广告，弹出式广告虽然可以使用较大面积的页面空间来显示广告内容，且广告醒目，但也有缺点，每次用户打开该页面时都会自动弹出广告窗口，容易引起用户反感，而使用专用的上网工具也可将其拦截使其无法弹出显示。所以网站中不必每个页面都制作弹出广告，只需在重要的页面中放置弹出广告即可（如首页）。

12.5　知识链接

12.5.1　行为参数的修改

在 Dream weaver CS4 中，在页面中附加了行为后，用户可以更改触发动作的事件、更改动作的参数以及添加或删除动作。

要更改行为事件的参数，具体操作步骤如下。

Step 1　先选择一个附加行为的对象，执行"窗口"→"行为"命令或按"Shift+F4"组合键，打开"行为"面板。

Step 2　在文档对象或标签选择器中，选择已设置的行为对象，如图 12-45 所示。

Step 3　双击要改变的动作，打开相应的参数设置对话框，如图 12-46 所示。在对话框中可以对动作进行修改。

Step 4　设置完毕，单击 确定 按钮。

Step 5　将鼠标指针移至事件处，单击事件，打开下拉列表，选择更改的事件，如图 12-47 所示。

图 12-45　选择行为对象　　　　图 12-46　参数对话框　　　　图 12-47　选择事件

12.5.2　行为排序

当有多个行为设置在一个特定的事件上时，动作之间的次序是很重要的。

在 Dream weaver CS4 中，多个行为是按事件的字母顺序显示在面板上的。如果同一个事件有多个动作，则以执行的顺序显示这些动作。若要更改指定事件的多个动作的顺序，用户可以用鼠标单击选择动作，然后单击 ▲ 、 ▼ 按钮进行上下移动排序。

还有一种方法是选择该动作后使用"剪切"命令，在其他的位置使用"粘贴"命令，这样也可以实现行为的排序。

12.5.3　删除行为

在行为过多或者用户认为某些行为已经不需要时，可以对其进行删除。具体的操作比较简单，具体步骤如下。

Step 1　先选择一个附加行为的对象，执行"窗口"→"行为"命令或按"Shift+F4"快捷键，打开"行为"面板。

Step 2　在"行为"面板中用鼠标单击要删除的行为。

Step 3　单击"行为"面板中的 ▬ 按钮，或者按"Delete"键即可删除所选的行为。

▌12.6▌ 自我检测

1. 选择题

（1）在"行为"面板上；选择 ▒▒ 按钮表示的是（　　）。

    A．显示触发事件　　　　B．关闭触发事件　　C．显示所有事件　　　　D．关闭所有事件

（2）使用（　　）动作可在一个新的窗口中打开 URL。可以指定新窗口的属性、特性和名称。

    A．设置框架文本　　　　B．调用 JavaScript　　C．打开浏览器窗口　　D．转到 URL

（3）（　　）动作用于改变 img 标记的 src 属性，即用另一张图像替换当前的图像。

    A．恢复交换图像　　　　B．交换图像　　　　　　C．改变图像属性　　　　D．转到 URL

2. 判断题

（1）行为是由事件和触发该事件的动作组成的。（　　）

（2）"交换图像"动作，指当鼠标指针移出对象区域后，所有被替换显示的图像恢复为原始图像。
（　　）

（3）在页面中附加了行为后，用户可以更改触发动作的事件、更改动作的参数以及添加或删除动作。（　　）

3. 上机题

（1）制作一个网页，当点击文字时，出现如图 12-48 所示的弹出信息。

（2）使用"打开浏览器窗口"动作制作一个网页弹出广告。

（3）按照本章所讲述的方法，为一个网页设置状态栏文本，如图 12-49 所示。

图 12-48　弹出信息

图 12-49　设置状态栏文本

操作提示如下。

Step 1　在网页中插入图像，将图像设置为居中对齐。

Step 2　单击状态栏上的"<body>"标签，在"行为"面板上单击 ➕ 按钮，在弹出的快捷菜单中选择"设置文本"→"设置状态栏文本"命令，打开"设置状态栏文本"对话框。

Step 3　在"设置状态栏文本"对话框中输入要在状态栏中显示的文字即可。

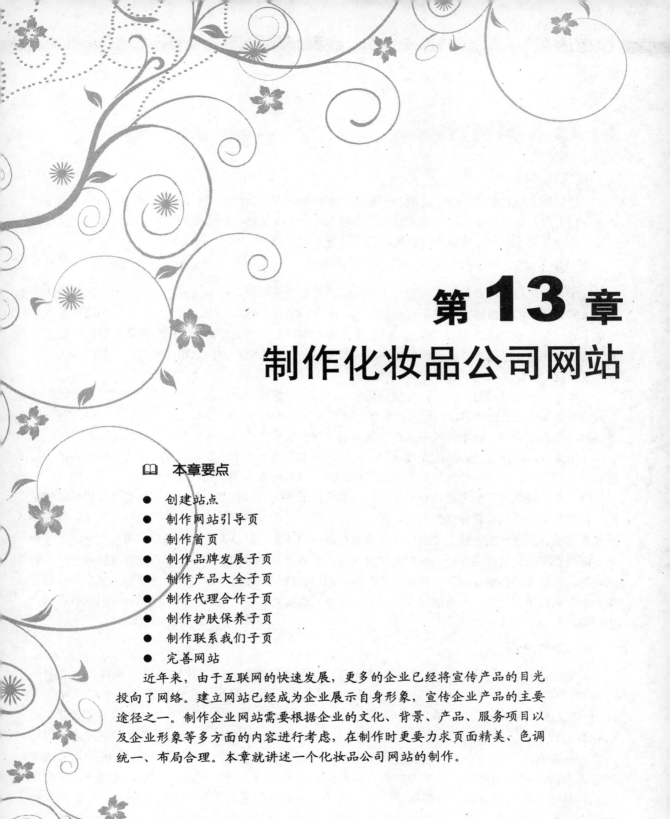

第 13 章
制作化妆品公司网站

📖 **本章要点**

● 创建站点
● 制作网站引导页
● 制作首页
● 制作品牌发展子页
● 制作产品大全子页
● 制作代理合作子页
● 制作护肤保养子页
● 制作联系我们子页
● 完善网站

　　近年来，由于互联网的快速发展，更多的企业已经将宣传产品的目光投向了网络。建立网站已经成为企业展示自身形象，宣传企业产品的主要途径之一。制作企业网站需要根据企业的文化、背景、产品、服务项目以及企业形象等多方面的内容进行考虑，在制作时更要力求页面精美、色调统一、布局合理。本章就讲述一个化妆品公司网站的制作。

▌13.1▐ 案例分析

1. 案例要求

艾伦依莲（ALEN YILIAN）化妆品有限公司要求为其制作一个公司网站，针对使用公司化妆品的年轻女性客户，要求网站页面看起来舒服，美观大方、干净整洁。而且要突出公司的品牌，并带有女性化气息，具有高贵优雅的风格，以期赢得女性客户的好感。

2. 设计思路

对于一个化妆品行业的企业而言，企业网站的形象至关重要。特别是在互联网技术高速发展的今天，大多数客户都是通过网络来了解企业产品、企业形象及企业实力的，因此，企业网站的形象往往决定了客户对企业产品的信心。建立一个美观大方的网站能够极大地提升企业的整体形象。随着互联网上的企业网站越来越多，要使我们制作的化妆品网站在各类同行业网站中脱颖而出，其网站风格一定要有新意。

要建立一个美观大方的网站，特别是化妆品网站，最重要的一点就是网页的色彩搭配。有的网站令人感觉愉悦，可以让我们停留很久；而有的则让人感觉很烦躁，不能吸引我们的眼光。这样的网站，点击率就不可能很高，就不能吸引客户，其中很大部分的原因就是网站的色彩没有制定好。

一般来说，网站的色彩不应超过 3 种。网站的标志、标题、主菜单和主色块要给人以整体统一的感觉。中间也可以采用一些其他颜色，但只是作为点缀和衬托，绝不能喧宾夺主。

除了主色调之外，颜色的搭配也很重要。主色搭配不同的辅助色会有种种不同的效果。网站使用的颜色能体现一个网页设计师的理念，而且可以加强企业形象识别的效果，对颜色标准化是强化网站形象最有效、最直接的方法。艾伦依莲化妆品有限公司要求网站页面看起来舒服，美观大方、干净整洁。而且要突出公司的品牌，并带有女性化气息，具有高贵优雅的风格。在配色方面可以使用纯度较高、对比强烈的颜色组合，即华丽的红色与简洁的白色搭配的配色方案，既干净整洁又突出华贵的效果，给浏览者留下大气、专业的印象，并且大多数女性喜欢红色，这样一进入网站，她们就有可能产生好感。

3. 制作思路

艾伦依莲化妆品有限公司要求网站具有高贵优雅的风格，而且要突出公司的品牌。为了突出与各类同行业网站的不同，可以做一个网站的引导页。引导页是一个使用设置背景图像功能与 Flash 背景透明技术制作的具有奢华风格的网页，可以使用时尚欢快的英文歌曲作为背景音乐。该引导页的背景是一个女子的梳妆台，但梳妆台上面并没有任何化妆品，让浏览者在正式进入网站之前，像置身于一个房间的梳妆台旁，但不知该使用什么化妆品，从而吸引浏览者的好奇心，使其进入网站。进入网站后，首页的网页布局不同于一般的商业网站布局，没有太过拥挤，页面上的元素井然有序，在页面下方使用了公司的化妆品产品与包装盒来进行点缀，给人一种眼前一亮的感觉，加上明亮的配色，视觉效果很好。其他的网站内页也使用这种风格。完成后的效果如图 13-1 所示。

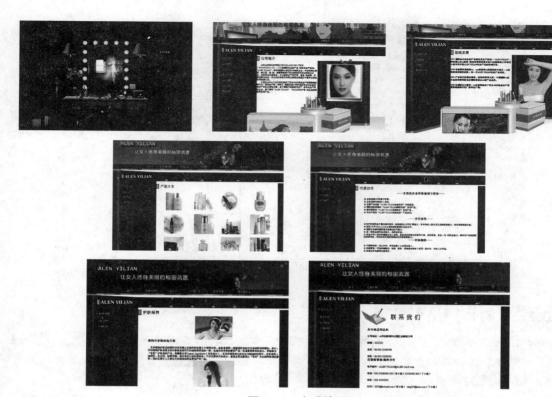

图 13-1　完成效果

13.2 案例详解

13.2.1　创建站点

Step 1　建立文件夹。在硬盘上建立一个新文件夹作为本地根文件夹，用来存放相关文档。例如，在 D 盘根目录下创建一个名为"化妆品网站"的文件夹，在化妆品网站文件夹里再创建一个名为"images"的文件夹和一个名为"flash"的文件夹，分别用来存放网站中用到的图像文件和媒体文件。

Step 2　设置站点。启动 Dreamweaver CS4，执行"站点"→"新建站点"命令，打开"站点定义为"对话框。单击上方的"高级"选项卡，在"站点名称"文本框中输入"ALEN YILIAN"，单击"本地根文件夹"文本框右侧的文件夹按钮，选择刚刚在 D 盘根目录下创建的名为"化妆品网站"的文件夹。单击"默认图像文件夹"文本框右侧的文件夹按钮，选择在化妆品网站文件夹里创建的名为"images"的文件夹。设置完成后，"站点定义为"对话框如图 13-2 所示。

Step 3　站点创建完成。单击 ▭ 确定 按钮，站点就创建好，并且显示在"文件"面板中了，如图 13-3 所示。

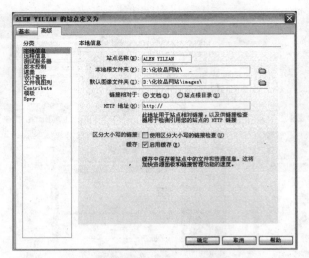

图 13-2　新建站点

图 13-3　"文件"面板

13.2.2　制作网站引导页

Step 1　设置网页背景图像。新建一个网页文件,单击"属性"面板上的 页面属性... 按钮,弹出"页面属性"对话框后,单击"背景图像"文本框右侧的 浏览... 按钮,将一幅图像设置为网页背景图像,如图 13-4 所示。完成后单击 确定 按钮。

图 13-4　"页面属性"对话框

Step 2　插入表格。执行"插入"→"表格"命令,插入一个 2 行 3 列,宽为"960"像素,边框为"2"的表格,并在"属性"面板中将其对齐方式设置为"居中对齐","填充"和"间距"都设置为"0",如图 13-5 所示。

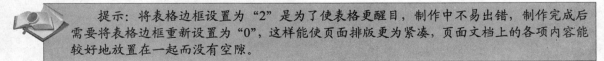
提示:将表格边框设置为"2"是为了使表格更醒目,制作中不易出错,制作完成后需要将表格边框重新设置为"0",这样能使页面排版更为紧凑,页面文档上的各项内容能较好地放置在一起而没有空隙。

Step 3　设置第 1 格的背景图像。将光标放置于表格第 1 行左边的单元格中,在"属性"面板中将其宽和高分别设置为"230"与"266",然后为该单元格设置一幅背景图像,如图 13-6 所示。

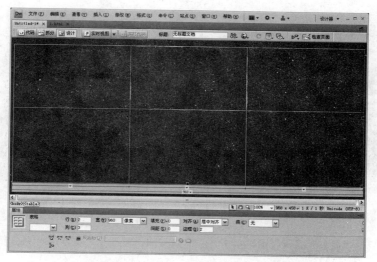

图 13-5　插入表格

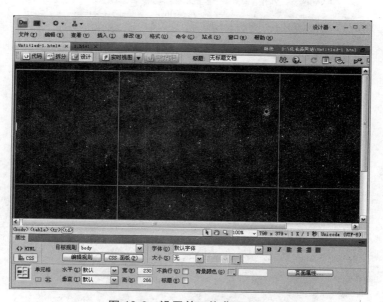

图 13-6　设置单元格背景图像

Step 4　设置第 2 格的背景图像。将光标放置于表格第 1 行中间的单元格中，在"属性"面板中将其宽和高分别设置为"519"与"266"，然后为该单元格设置一幅背景图像，如图 13-7 所示。

Step 5　插入图像。将光标放置于表格第 1 行右侧的单元格中，执行"插入"→"图像"命令，在该单元格插入一幅图像，如图 13-8 所示。

Step 6　设置其他格的背景图像。按照同样的方法，分别为表格第 2 行的 3 个单元格设置背景图像，如图 13-9 所示。

Step 7　设置网页标题。单击状态栏上的"〈table〉"标签选中整个表格，在"属性"面板上将表格的边框设置为"0"，然后在标题栏中输入"化妆品网站—引导页"，如图 13-10 所示。

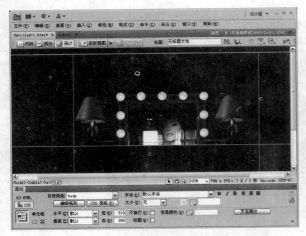

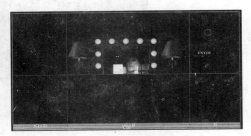

图 13-7　设置单元格背景图像　　　　　　　　　　　　　　图 13-8　插入图像

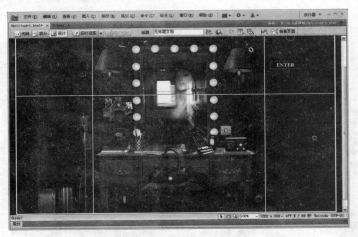

图 13-9　设置单元格背景图像

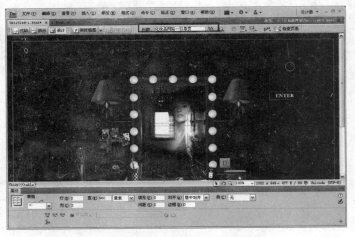

图 13-10　设置网页标题

Step 8　创建矩形热点。选中表格第 1 行最右侧单元格中的图片，在"属性"面板上单击"矩形热点工具" ⬜ ，然后在图片上拖动鼠标，绘制出一个与文本"Enter"大小相同的矩形，如图 13-11 所示。

> 提示：在图片上绘制矩形热点是为了整个网站制作完成后，在引导页与各个子页之间建立超级链接。

Step 9　插入层。执行"文件"→"保存"命令，保存文件并命名为"yindao.html"，然后在页面空白处单击鼠标左键，执行"插入"→"布局对象"→"AP Div"命令，在文档中插入一个层，并将其拖动到图中梳妆镜的位置处，如图 13-12 所示。

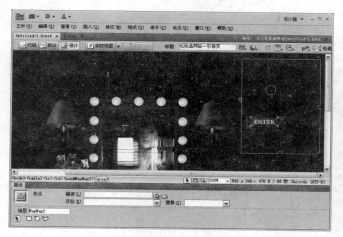

图 13-11　创建矩形热点

图 13-12　插入层

Step 10　插入 Flash 动画。将光标放置于层中，执行"插入"→"媒体"→"Flash"命令，插入一个 Flash 动画到层中，如图 13-13 所示。

Step 11　测试动画。选中插入的 Flash，单击"属性"面板上的 ▶ 播放 按钮，可以看到 Flash 动画的背景并不透明，与整个页面毫不搭配，如图 13-14 所示。

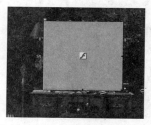

图 13-13　插入 Flash

图 13-14　播放 Flash

Step 12　设置参数。单击"属性"面板上的 参数... 按钮，打开"参数"对话框。在对话框中的"参数"文本框中输入"wmode"，在"值"文本框中输入"transparent"，如图 13-15 所示。完成后单击 确定 按钮。

Step 13　添加代码。单击 代码 按钮切换到"代码"视图中，在"<head>"后按回车键，输入"<bg>"，在弹出的列表中选择"bgsound"，如图 13-16 所示，按回车键添加到代码中。

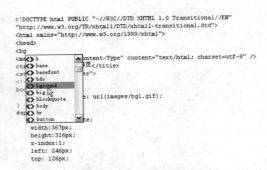

图 13-15　编辑 Flash 参数　　　　　　　　　图 13-16　弹出的代码列表框

Step 14　添加代码。在 "bgsound" 后按空格键，在弹出的列表中双击 "src" 添加到 "bgsound" 后，如图 13-17 所示。

Step 15　选择音乐文件。单击出现的 "浏览" 按钮，打开的 "选择文件" 对话框，在对话框中选择一个音乐文件，如图 13-18 所示。完成后单击 [确定] 按钮。

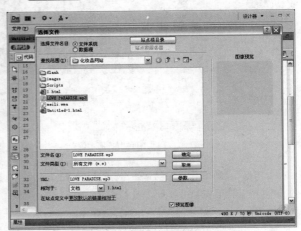

图 13-17　按空格键后弹出的列表框　　　　　　图 13-18　选择音乐文件

Step 16　添加代码。在音乐文件后再按空格键，在弹出的列表中双击 "loop" 添加到代码视图中，并输入 "-1"，如图 13-19 所示，使音乐循环播放。

Step 17　浏览网页。保存文件，按 "F12" 键浏览，欣赏制作完成后的网站引导页效果，如图 13-20 所示。

13.2.3　制作首页

Step 1　插入表格。新建一个网页文件，执行 "插入" → "表格" 命令，插入一个 3 行 1 列，宽为 "1000" 像素，边框为 "0" 的表格，并在 "属性" 面板中将其对齐方式设置为 "居中对齐"，如图 13-21 所示。

Step 2　插入图像。将光标放置于表格第 1 行单元格中，执行 "插入" → "图像" 命令，将一幅图像插入到单元格中，如图 13-22 所示。

```
<!DOCTYPE html PUBLIC "-//W3C//DTD XHTML 1.0
Transitional//EN"
"http://www.w3.org/TR/xhtml1/DTD/xhtml1-transitional.dtd"
>
<html xmlns="http://www.w3.org/1999/xhtml">
<head>
<bgsound src="LOVE PARADISE.mp3" loop="-1">
<meta http-equiv="Content-Type" content="text/html;
charset=utf-8" />
<title>化妆品网站-引导页</title>
<style type="text/css">
<!--
body {
    background-image: url(images/bg1.gif);
}
#apDiv1 {
    position:absolute;
    width:367px;
    height:316px;
    z-index:1;
```

图 13-19　设置音乐的循环播放

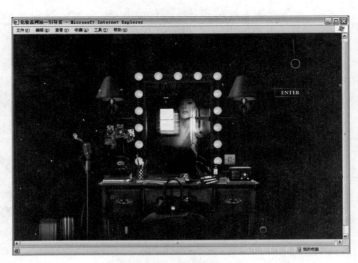

图 13-20　浏览网页

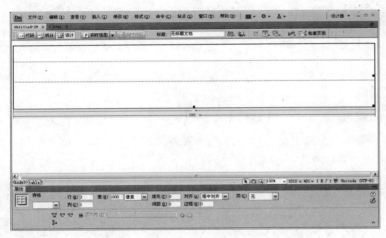

图 13-21　插入表格

图 13-22　插入图像

Step 3　使用外部图像编辑器输入文字。按照 12.4.2 节任务 2——制作汽车网站弹出广告编辑图像的方法，使用外部图像编辑器在插入的图像上输入文字。完成后单击 确定 按钮，如图 13-23 所示。

图 13-23　使用外部图像编辑器输入文字

Step 4 查看编辑效果。编辑好图像之后，单击图像上方的 完成 按钮，返回至 Dreamweaver 中，可以看到对图像所做的修改会直接反映在网页中，如图 13-24 所示。

Step 5 设置导航条背景颜色并输入文字。将表格第 2 行单元格的背景颜色设置为红色（#C80000），然后在该单元格中输入导航文字，如图 13-25 所示。

图 13-24　查看编辑效果　　　　　　　　　图 13-25　设置导航条背景颜色并输入文字

Step 6 插入图像。将光标放置于表格第 3 行单元格中执行"插入"→"图像"命令，将一幅图像插入到单元格中，如图 13-26 所示。

Step 7 插入表格与图像。执行"插入"→"表格"命令，插入一个 1 行 1 列，宽为"1000"像素，边框为"0"的表格，并在"属性"面板中将其对齐方式设置为"居中对齐"，"填充"和"间距"都设置为"0"，然后在表格中插入一幅图像，如图 13-27 所示。

图 13-26　插入图像　　　　　　　　　　　图 13-27　插入表格与图像

Step 8 插入表格。执行"插入"→"表格"命令，插入一个 1 行 3 列，宽为"1000"像素，边框为"0"的表格，并在"属性"面板中将其对齐方式设置为"居中对齐"，"填充"和"间距"都设置为"0"，如图 13-28 所示。

图 13-28　插入表格

Step 9　设置背景图像。将光标放置于表格左边的单元格中，在"属性"面板中将其宽和高分别设置为"256"与"357"，然后为该单元格设置一幅背景图像，如图 13-29 所示。

Step 10　插入嵌套表格。将光标放置于设置了背景图像的单元格中，在"属性"面板上的"水平"下拉列表中选择"右对齐"选项，在"垂直"下拉列表中选择"顶端"选项。然后插入一个 7 行 1 列，宽为"215"像素，边框为"0"的嵌套表格，如图 13-30 所示。

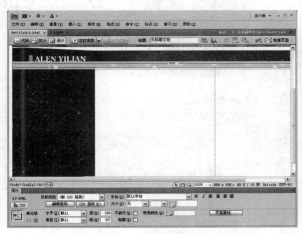

图 13-29　设置背景图像

图 13-30　插入嵌套表格

> 提示：插入嵌套表格之前，在"垂直"下拉列表中选择"顶端"选项是为了使插入的嵌套表格能在表格的最顶端处显示。

Step 11　插入图像并输入文字。执行"插入"→"图像"命令，在嵌套表格第 1 行单元格中插入一幅图像，然后在插入的图像后输入"公司简介"4 个字，文字颜色为白色，如图 13-31 所示。

Step 12　输入文字。按照同样的方法，分别在嵌套表格第 2 行~第 7 行单元格中输入文字，文字颜色都为白色，如图 13-32 所示。

图 13-31　插入图像并输入文字

图 13-32　继续输入文字

Step 13　拆分单元格。分别将表格中间的单元格与表格右侧的单元格拆分为两行，如图 13-33 所示。

Step 14　插入图像并输入文字。执行"插入"→"图像"命令，在表格中间第 1 行单元格中插入一幅图像，然后在插入的图像下方输入文字，文字颜色为黑色，如图 13-34 所示。

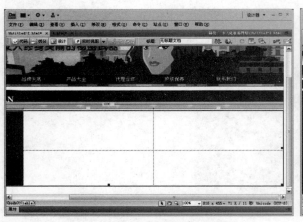

图 13-33　拆分单元格

图 13-34　输入文字

Step 15　插入图像。将光标放置于表格右侧第 1 行单元格中，执行"插入"→"图像"命令，在该单元格中插入一幅图像，如图 13-35 所示。

Step 16　插入图像。将表格中间第 2 行单元格与表格右侧第 2 行单元格合并，然后将合并后的单元格高度设置为"121"像素，最后执行"插入"→"图像"命令，在合并后的单元格中插入一幅图像，如图 13-36 所示。

Step 17　插入表格。在页面空白处单击鼠标左键，然后执行"插入"→"表格"命令，插入一个 1 行 3 列，宽为"1000"像素，边框为"0"的表格，并在"属性"面板中将其对齐方式设置为"居中对齐"，"填充"和"间距"都设置为"0"，如图 13-37 所示。

图 13-35 插入图像

图 13-36 插入图像

Step 18 插入图像。将表格左侧单元格的宽和高分别设置为"200"与"177"像素，然后执行"插入"→"图像"命令，在该单元格中插入一幅图像，如图 13-38 所示。

图 13-37 插入表格

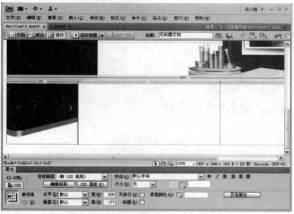

图 13-38 插入图像

Step 19 置背景图像。将表格中间单元格的宽和高分别设置为"394"与"177"像素，然后为该单元格设置一幅背景图像，如图 13-39 所示。

Step 20 插入图像。将光标放置于表格中间的单元格中，执行"插入"→"图像"命令，在该单元格中插入一幅图像，如图 13-40 所示。

Step 21 插入图像。将光标放置于表格右侧的单元格中，执行"插入"→"图像"命令，在嵌套表格中插入一幅图像，如图 13-41 所示。

Step 22 设置边距。单击"属性"面板上的 页面属性... 按钮，弹出"页面属性"对话框，在"上边距"与"下边距"文本框中分别输入"0"，如图 13-42 所示。完成后单击 确定 按钮。

Step 23 浏览网页。在标题栏中输入"化妆品网站—首页"，然后执行"文件"→"保存"命令，将文件保存并命名为"index.html"，按"F12"键浏览，欣赏完成后的网站首页效果，如图 13-43 所示。

图 13-39　设置背景图像

图 13-41　插入图像

图 13-40　插入图像

图 13-42　"页面属性"对话框

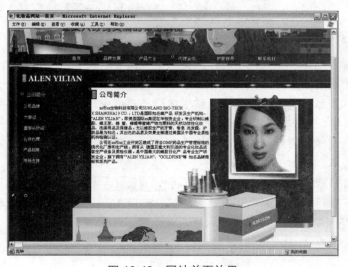

图 13-43　网站首页效果

13.2.4　制作品牌发展子页

Step 1　制作网页元素。新建一个网页文件，按照制作首页所讲述的方法，制作出如图 13-44 所示的网页元素。

图 13-44　制作网页元素

Step 2　插入表格。执行"插入"→"表格"命令，插入一个 1 行 3 列，宽为"1000"像素，边框为"0"的表格，并在"属性"面板中将其对齐方式设置为"居中对齐"，"填充"和"间距"都设置为"0"，如图 13-45 所示。

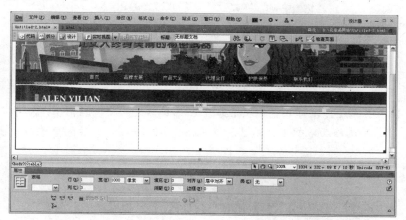

图 13-45　插入表格

Step 3　设置背景图像并插入嵌套表格。为表格左侧的单元格设置一幅背景图像，然后将光标放置于设置了背景图像的单元格中，在"属性"面板中的"水平"下拉列表中选择"右对齐"选项，在"垂直"下拉列表中选择"顶端"选项。然后插入一个 4 行 1 列，宽为"215"像素，边框为"0"的嵌套表格，如图 13-46 所示。

Step 4　插入图像并输入文字。执行"插入"→"图像"命令，在嵌套表格第 1 行单元格中插入一幅图像，然后在插入的图像后输入"品牌发展" 4 个字，最后分别在嵌套表格第 2 行～第 4 行单元格中输入文字，如图 13-47 所示。

Step 5　插入图像并输入文字。分别将表格中间的单元格与表格右侧的单元格拆分为两行，然

后在表格中间第 1 行单元格中插入一幅图像，最后在插入的图像下方输入文字，如图 13-48 所示。

图 13-46　设置背景图像并插入嵌套表格　　　　　　　　图 13-47　插入图像并输入文字

图 13-48　插入图像并输入文字

Step 6　插入图像。将光标放置于表格第 1 行右侧单元格中，在该单元格中插入一幅图像，然后将表格中间第 2 行单元格与表格右侧第 2 行单元格合并，并在合并后的单元格中插入一幅图像，如图 13-49 所示。

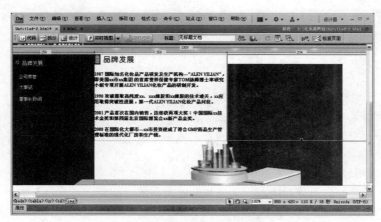

图 13-49　插入图像

Step 7　插入层。在页面空白处单击鼠标左键，执行"插入"→"布局对象"→"AP Div"命令，在文档中插入一个层，并将其拖动到如图 13-50 所示的位置。

Step 8　插入图像。将光标放置于层中，然后执行"插入"→"图像"命令，在层中插入一幅图像，如图 13-51 所示。

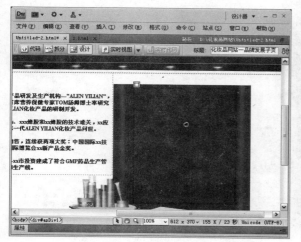

图 13-50　插入层

图 13-51　插入图像

Step 9　插入表格。在页面空白处单击鼠标左键，然后执行"插入"→"表格"命令，插入一个 1 行 3 列，宽为"1000"像素，边框为"0"的表格，并在"属性"面板中将其对齐方式设置为"居中对齐"，"填充"和"间距"都设置为"0"，如图 13-52 所示。

Step 10　设置背景图像。将表格左侧单元格的宽和高分别设置为"200"与"177"像素，然后执行"插入"→"图像"命令，在该单元格中插入一幅图像。将表格中间单元格的宽和高分别设置为"394"与"177"像素，并为该单元格设置一幅背景图像，如图 13-53 所示。

图 13-52　插入表格

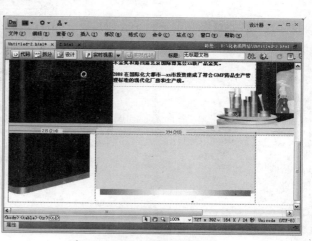

图 13-53　设置背景图像

Step 11　插入嵌套表格。将光标放置于表格中间的单元格中，在"属性"面板的"水平"下拉列表中选择"居中对齐"选项，然后插入一个 1 行 1 列，宽为"378"像素，边框粗细为"1"像素的

嵌套表格，如图 13-54 所示。

Step 12 插入图像。将嵌套表格的边框颜色设置为红色（#AD090A），将光标放置于嵌套表格中，执行"插入"→"图像"命令，在嵌套表格中插入一幅图像，然后在表格右侧的单元格中插入一幅图像，如图 13-55 所示。

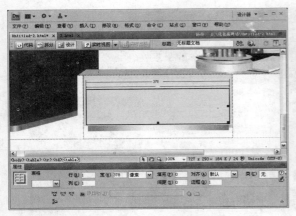

图 13-54 插入嵌套表格

图 13-55 插入图像

Step 13 设置边距。单击"属性"面板上的 页面属性... 按钮，弹出"页面属性"对话框后，在"上边距"与"下边距"文本框中分别输入"0"，如图 13-56 所示。完成后单击 确定 按钮。

Step 14 浏览网页。在标题栏中输入"化妆品网站—品牌发展子页"，然后执行"文件"→"保存"命令，将文件保存并命名为"index1.html"，按"F12"键浏览，欣赏完成后的品牌发展子页效果，如图 13-57 所示。

图 13-56 "页面属性"对话框

图 13-57 网页效果

13.2.5 制作产品大全子页

Step 1 制作网页元素。新建一个网页文件，按照制作首页所讲述的方法（只是第 1 行表格中

插入的图片不同），制作出如图 13-58 所示的网页元素。

图 13-58　制作网页元素

Step 2　插入表格。执行"插入"→"表格"命令，插入一个 1 行 2 列，宽为"1000"像素，边框为"0"的表格，并在"属性"面板中将其对齐方式设置为"居中对齐"，"填充"和"间距"都设置为"0"，如图 13-59 所示。

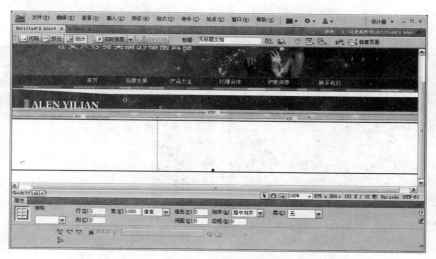

图 13-59　插入表格

Step 3　设置背景图像并插入嵌套表格。为表格左侧的单元格设置一幅背景图像，然后将光标放置于设置了背景图像的单元格中，在"属性"面板中的"水平"下拉列表中选择"右对齐"选项，在"垂直"下拉列表中选择"顶端"选项。然后插入一个 4 行 1 列，宽为"215"像素，边框为"0"的嵌套表格，如图 13-60 所示。

Step 4　插入图像并输入文字。执行"插入"→"图像"命令，在嵌套表格第 1 行单元格中插入一幅图像，然后在插入的图像后输入"产品大全"4 个字，最后分别在嵌套表格第 2 行～第 4 行单元格中输入文字，如图 13-61 所示。

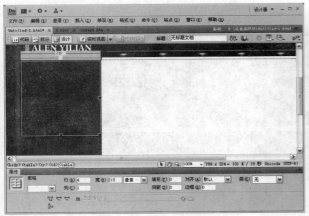

图 13-60　设置背景图像并插入嵌套表格

图 13-61　插入图像并输入文字

Step 5　插入嵌套表格。将表格右侧的单元格背景颜色设置为红色（#AD090A），然后在单元格中插入一个 7 行 8 列，宽 "700" 像素，边框粗细为 "0" 的嵌套表格，并在 "属性" 面板中将 "填充" 和 "间距" 都设置为 "0"，如图 13-62 所示。

Step 6　插入图像。将嵌套表格各个单元格的背景颜色都设置为白色，并将第 1 行单元格合并，然后在嵌套表格第 1 行单元格中插入一幅图像，如图 13-63 所示。

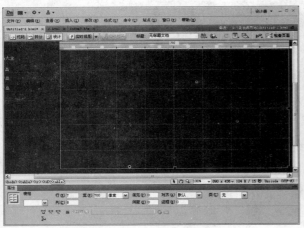

图 13-62　插入嵌套表格

图 13-63　插入图像

Step 7　插入图像。分别执行 "插入" → "图像" 命令，在嵌套表格第 2 行的 2、4、6、8 列单元格中插入图像，如图 13-64 所示。

Step 8　插入图像。按照同样的方法，分别执行 "插入" → "图像" 命令，在嵌套表格第 4 行与第 6 行的 2、4、6、8 列单元格中插入图像，如图 13-65 所示。

Step 9　设置边距。单击 "属性" 面板上的 ▭页面属性...▭ 按钮，弹出 "页面属性" 对话框后，在 "上边距" 与 "下边距" 文本框中分别输入 "0"，如图 13-66 所示。完成后单击 ▭确定▭ 按钮。

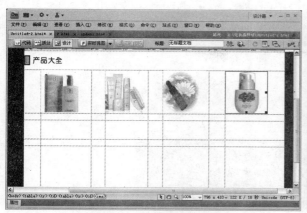

图 13-64 插入图像

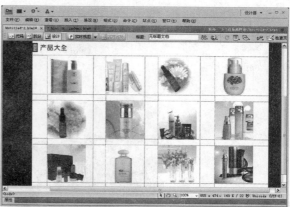

图 13-65 插入图像

图 13-66 "页面属性"对话框

Step 10 浏览网页。在标题栏中输入"化妆品网站—产品大全子页",然后执行"文件"→"保存"命令,将文件保存并命名为"index2.html",按"F12"键浏览,欣赏完成后的产品大全子页效果,如图 13-67 所示。

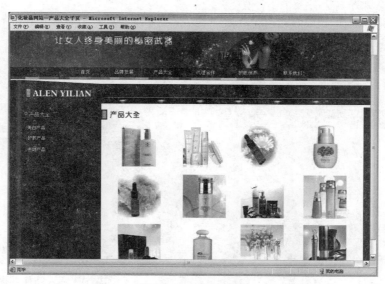

图 13-67 网页效果

13.2.6　制作代理合作子页

Step 1　制作网页元素。新建一个网页文件，按照制作首页所讲述的方法，制作出如图 13-68 所示的网页元素。

图 13-68　制作网页元素

Step 2　插入嵌套表格。执行"插入"→"表格"命令，插入一个 1 行 2 列，宽为"1000"像素，边框为"0"的表格，然后为表格左侧的单元格设置一幅背景图像。将光标放置于设置了背景图像的单元格中，在"属性"面板中的"水平"下拉列表中选择"右对齐"选项，在"垂直"下拉列表中选择"顶端"选项。插入一个 3 行 1 列，宽为"215"像素，边框为"0"的嵌套表格，如图 13-69 所示。

Step 3　插入图像并输入文字。执行"插入"→"图像"命令，在嵌套表格第 1 行单元格中插入一幅图像，然后在插入的图像后输入"代理合作"4 个字，最后分别在嵌套表格第 2 行与第 3 行单元格中输入文字，如图 13-70 所示。

图 13-69　插入嵌套表格

图 13-70　插入图像并输入文字

Step 4 插入嵌套表格。将表格右侧的单元格背景颜色设置为红色（#AD090A），然后在单元格中插入一个 2 行 2 列，宽 "700" 像素，边框粗细为 "0" 的嵌套表格，并在 "属性" 面板中将 "填充" 和 "间距" 都设置为 "0"，如图 13-71 所示。

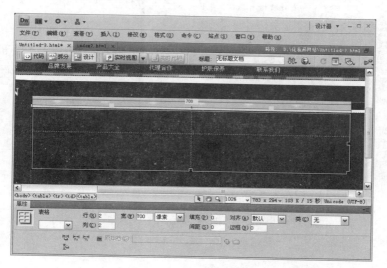

图 13-71 插入嵌套表格

Step 5 插入图像。将嵌套表格各个单元格的背景颜色都设置为白色，并将第 1 行单元格合并，然后在嵌套表格第 1 行单元格中插入一幅图像，如图 13-72 所示。

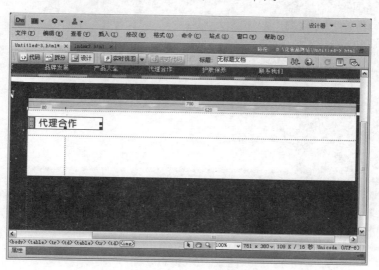

图 13-72 插入图像

Step 6 输入文本。在嵌套表格第 2 行右侧的单元格中输入文本，如图 13-73 所示。

Step 7 设置边距。单击 "属性" 面板上的 页面属性... 按钮，弹出 "页面属性" 对话框，在 "上边距" 与 "下边距" 文本框中分别输入 "0"，如图 13-74 所示。完成后单击 确定 按钮。

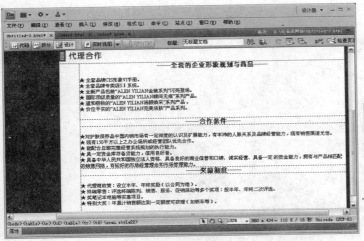

图 13-73　输入文本

图 13-74　"页面属性"对话框

Step 8　浏览网页。在标题栏中输入"化妆品网站—代理合作子页"，然后执行"文件"→"保存"命令，将文件保存并命名为"index3.html"，按"F12"键浏览，欣赏完成后的代理合作子页效果，如图 13-75 所示。

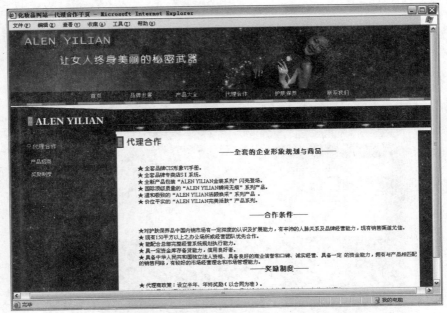

图 13-75　网页效果

13.2.7　制作护肤保养子页

Step 1　制作网页元素。新建一个网页文件，按照制作首页所讲述的方法（只是第 1 行表格中插入的图片不同），制作出如图 13-76 所示的网页元素。

图 13-76　制作网页元素

Step 2　插入嵌套表格。执行"插入"→"表格"命令，插入一个 1 行 2 列，宽为"1000"像素，边框为"0"的表格，然后为表格左侧的单元格设置一幅背景图像。将光标置于设置了背景图像的单元格中，在"属性"面板中的"水平"下拉列表中选择"右对齐"选项，在"垂直"下拉列表中选择"顶端"选项。插入一个 3 行 1 列，宽为"215"像素，边框为"0"的嵌套表格，如图 13-77 所示。

Step 3　插入图像并输入文字。执行"插入"→"图像"命令，在嵌套表格第 1 行单元格中插入一幅图像，然后在插入的图像后输入"护肤保养"4 个字，最后分别在嵌套表格第 2 行与第 3 行单元格中输入文字，如图 13-78 所示。

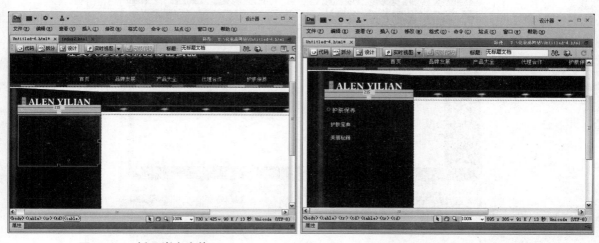

图 13-77　插入嵌套表格　　　　　　　　图 13-78　插入图像并输入文字

Step 4　插入嵌套表格。将表格右侧的单元格背景颜色设置为红色（#AD090A），然后在单元格中插入一个 5 行 2 列，宽"700"像素，边框粗细为"0"的嵌套表格，并在"属性"面板中将"填充"和"间距"都设置为"0"，如图 13-79 所示。

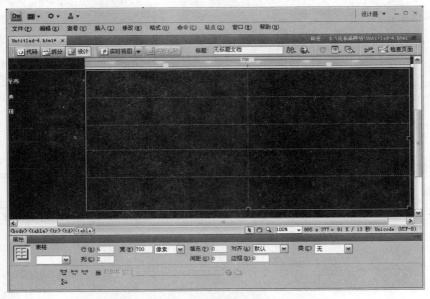

图 13-79　插入嵌套表格

Step 5　插入图像。将嵌套表格各个单元格的背景颜色都设置为白色，并将第 1 行单元格合并，然后在嵌套表格第 1 行单元格中插入一幅图像，如图 13-80 所示。

图 13-80　插入图像

Step 6　插入图像与输入文本。在嵌套表格第 2 行与第 4 行右侧的单元格中分别插入图像，然后在嵌套表格第 3 行与第 5 行右侧的单元格中分别输入文本，如图 13-81 所示。

Step 7　设置边距。单击"属性"面板上的 页面属性… 按钮，弹出"页面属性"对话框后，在"上边距"与"下边距"文本框中分别输入"0"，如图 13-82 所示。完成后单击 确定 按钮。

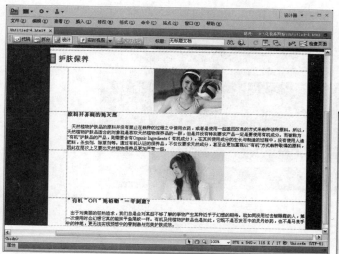

图 13-81　插入图像与输入文本

图 13-82　"页面属性"对话框

Step 8　浏览网页。在标题栏中输入"化妆品网站—护肤保养子页",然后执行"文件"→"保存"命令,将文件保存并命名为"index4.html",按"F12"键浏览,欣赏完成后的护肤保养子页效果,如图 13-83 所示。

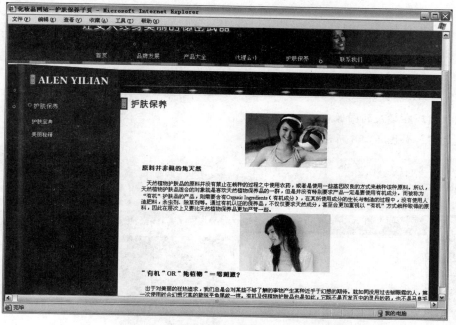

图 13-83　网页效果

13.2.8　制作联系我们子页

Step 1　制作网页元素。新建一个网页文件,按照制作首页所讲述的方法,制作出如图 13-84

所示的网页元素。

图 13-84　制作网页元素

Step 2　插入嵌套表格。执行"插入"→"表格"命令，插入一个 1 行 2 列，宽为"1000"像素，边框为"0"的表格，然后为表格左侧的单元格设置一幅背景图像。将光标放置于设置了背景图像的单元格中，在"属性"面板中的"水平"下拉列表中选择"右对齐"选项，在"垂直"下拉列表中选择"顶端"选项。插入一个 4 行 1 列，宽为"215"像素，边框为"0"的嵌套表格，如图 13-85 所示。

Step 3　插入图像并输入文字。执行"插入"→"图像"命令，在嵌套表格第 1 行单元格中插入一幅图像，然后在插入的图像后输入"联系我们"4 个字，最后分别在嵌套表格第 2 行与第 3 行单元格中输入文字，如图 13-86 所示。

图 13-85　插入嵌套表格

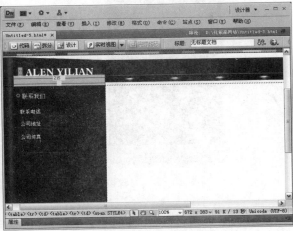

图 13-86　插入图像并输入文字

Step 4 插入嵌套表格。将表格右侧的单元格背景颜色设置为红色（#AD090A），然后在单元格中插入一个 3 行 2 列，宽 "700" 像素，边框粗细为 "0" 的嵌套表格，并在 "属性" 面板中将 "填充" 和 "间距" 都设置为 "0"，如图 13-87 所示。

Step 5 插入图像。将嵌套表格各个单元格的背景颜色都设置为白色，并将嵌套表格第 1 行单元格合并，然后在第 1 行单元格中插入一幅图像，如图 13-88 所示。

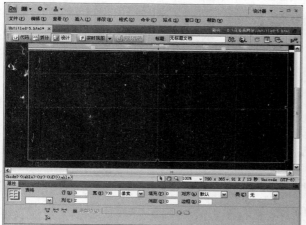

图 13-87 插入嵌套表格

图 13-88 插入图像

Step 6 输入文本。在嵌套表格第 2 行与第 3 行右侧的单元格中分别输入文本，如图 13-89 所示。

Step 7 设置边距。单击 "属性" 面板上的 页面属性... 按钮，弹出 "页面属性" 对话框后，在 "上边距" 与 "下边距" 文本框中分别输入 "0"，如图 13-90 所示。完成后单击 确定 按钮。

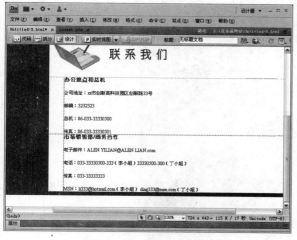

图 13-89 输入文本

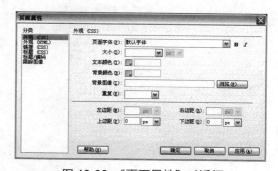

图 13-90 "页面属性" 对话框

Step 8 浏览网页。在标题栏中输入 "化妆品网站—联系我们子页"，然后执行 "文件" → "保存" 命令，将文件保存并命名为 "index5.html"，按 "F12" 键浏览，欣赏完成后的联系我们子页效果，如图 13-91 所示。

图 13-91　网页效果

13.2.9　完善网站

Step 1　打开引导页。在"文件"选项卡中双击"yindao.html"，打开"化妆品网站—引导页"文件，如图 13-92 所示。

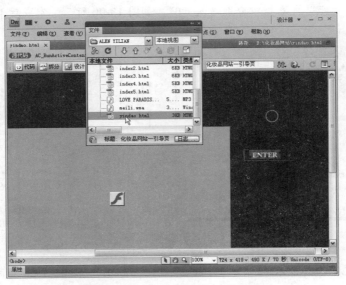

图 13-92　化妆品网站—引导页

Step 2　设置热点链接。选中"ENTER"的矩形热点，打开"属性"面板，在"链接"文本框中输入"index.html"，如图 13-93 所示。

Step 3　设置品牌发展链接。在"文件"选项卡中双击"index.html"，打开"化妆品网站—首页"，选中文字"品牌发展"，打开"属性"面板，在"链接"文本框中输入"index1.html"，如图 13-94 所示。

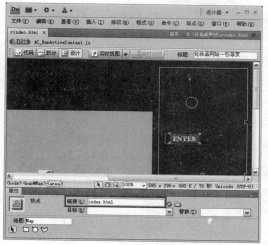

图 13-93　设置链接

图 13-94　设置品牌发展链接

Step 4　设置产品大全链接。选中文字"产品大全"，打开"属性"面板，在"链接"文本框中输入"index2.html"，如图 13-95 所示。

图 13-95　设置产品大全链接

Step 5　设置代理合作链接。选中文字"代理合作"，打开"属性"面板，在"链接"文本框中输入"index3.html"，如图 13-96 所示。

图 13-96　设置代理合作链接

Step 6　设置护肤保养链接。选中文字"护肤保养"，打开"属性"面板，在"链接"文本框中输入"index4.html"，如图 13-97 所示。

图 13-97　设置护肤保养链接

Step 7　设置联系我们链接。选中文字"联系我们"，打开"属性"面板，在"链接"文本框中

输入 "index5.html"，如图 13-98 所示。

图 13-98　设置联系我们链接

Step 8　设置链接效果。单击 "属性" 面板上的 ▢ 页面属性... 按钮，打开 "页面属性" 对话框。在 "分类" 列表下选择 "链接（CSS）" 选项，将 "链接颜色" 与 "已访问链接" 都设置为白色，将 "变换图像链接" 设置为黄色（#FFCC00），在 "下划线样式" 下拉列表中选择 "仅在变换图像时显示下划线" 选项，如图 13-99 所示。设置完成后单击 ▢ 确定 按钮。

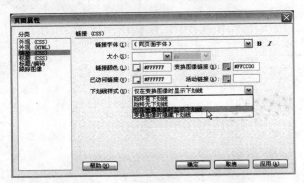

图 13-99　"页面属性" 对话框

Step 9　设置其余子页。按照同样的方法对化妆品网站其余的子页进行相同的设置即可。

本案例讲述了化妆品公司网站的制作方法。在制作的过程中，采用了嵌套表格布局的方法。需要注意的是，在同一个页面中，嵌套表格的数量不要太多，以免使浏览者下载观看的时间延长。